# OBSERVATIONS

## SUR LE

## GENRE LIS

### (LILIUM)

À PROPOS DU

CATALOGUE DE LA COLLECTION DE CES PLANTES

FORMÉE PAR M. MAX LEICHTLIN, DE CARLSRUHE;

PAR

## M. P. DUCHARTRE

(Extrait du Journal de la Société centrale d'Horticulture de France,)

PARIS

IMPRIMERIE HORTICOLE DE E. DONNAUD

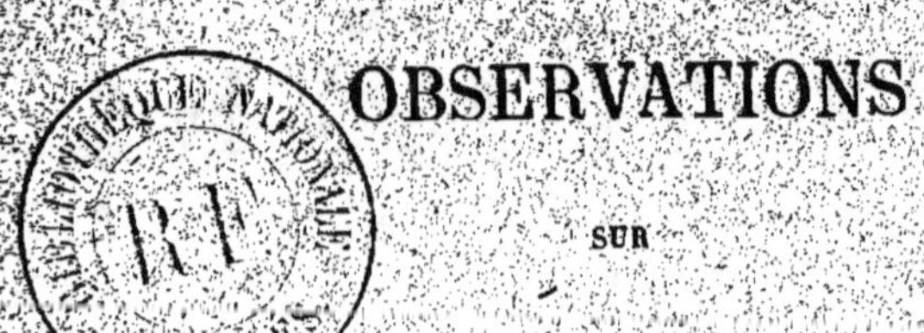

# OBSERVATIONS

## SUR

# LE GENRE LIS

### (*Lilium* Tourn.)

A PROPOS DU CATALOGUE DE LA COLLECTION DE CES PLANTES QUI A ÉTÉ

FORMÉE PAR M. MAX LEICHTLIN, DE CARLSRUHE ;

PAR

## M. P. DUCHARTRE.

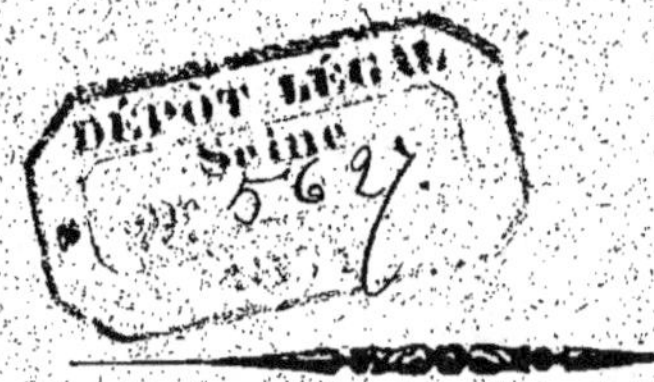


PARIS

IMPRIMERIE DE E. DONNAUD,

RUE CASSETTE, 9.

1870

# OBSERVATIONS SUR LE GENRE LIS

## (*Lilium* TOURN.)

---

Extrait du *Journal de la Société impériale et centrale d'Horticulture de France*
(2ᵉ Série, III, 1870).

---

Le genre Lis (*Lilium* TOURN.), de la famille des Liliacées, à laquelle il a valu son nom, est l'un des plus beaux non-seulement de l'embranchement des Monocotylédones, mais encore de l'ensemble des plantes pourvues de fleurs ou phanérogames. Les espèces qui le forment ont un port élégant; leurs fleurs réunissent la grâce et la distinction de la forme à la variété des couleurs et à l'ampleur des dimensions, presque toujours aussi à la suavité du parfum.

En outre, la culture en est en général assez facile; la plupart supportent la pleine terre, sous le climat de Paris, et les moins rustiques ont seulement besoin d'être mises, pendant l'hiver, à l'abri de la gelée et de l'humidité. Cependant cette somme de mérites rarement réunis n'a pas encore fait accorder aux Lis, dans les jardins, une place à beaucoup près aussi large que celle qu'y occupent divers autres genres de plantes belles sans doute mais, au total, d'une valeur moins élevée. Aujourd'hui, à part le Lis blanc, le plus répandu de tous, les Lis Martagon, bulbifère et orangé, déjà moins communs, on ne rencontre un peu fréquemment que trois ou quatre fort belles espèces originaires du Japon; quant au reste du genre, il n'est guère représenté que çà et là dans des jardins botaniques, dans quelques collections d'amateurs et dans un petit nombre de grands établissements d'horticulteurs-commerçants, tels surtout que ceux de MM. Van Houtte à Gand (Belgique), Krelage à Haarlem (Hollande), Laurentius à Leipzig (Saxe).

Il est peu facile de s'expliquer une défaveur si peu justifiée : peut-être faut-il en chercher les motifs dans la lenteur avec laquelle se multiplient ces belles plantes qui donnent presque toujours fort peu de caïeux, et pour lesquelles le semis n'offre généralement que des ressources limitées ; dans le prix élevé de la plupart d'entre elles ; dans le nombre parfois assez grand des pieds qu'on est exposé à en perdre, même avec une culture bien étendue ; dans la difficulté de se les procurer même en les payant cher ; surtout dans ce fait incontestable qu'elles sont peu ou mal connues. Il importe donc avant tout de les faire connaître, et ensuite d'en rendre l'acquisition plus facile qu'elle ne l'a été jusqu'à ce jour. Sous le premier rapport, il faut en acquérir d'abord soi-même une parfaite connaissance, et pour cela les collectionner le plus largement possible, espèces et variétés, pour en élever des quantités considérables et les voir ainsi comparativement sur le vivant, pour pouvoir enfin publier les résultats de ces observations ; sous le second rapport, il importe de faire de cette collection formée d'abord avec un motif de satisfaction personnelle et d'étude, un centre de diffusion auquel puissent puiser sans trop de difficultés ceux qui voudront suivre cet excellent exemple.

C'est ce double but que s'est proposé M. Max Leichtlin, amateur très-distingué d'horticulture, qui se trouve à la tête d'un important établissement industriel, à Carlsruhe (Grand-duché de Bade). Admirateur passionné des Lis, il s'est attaché, pendant plusieurs années, à réunir des espèces et variétés de ce beau genre ; pour y parvenir, il a utilisé ses relations commerciales ; il est entré en correspondance avec des amateurs résidant dans des pays lointains, avec des voyageurs, des collecteurs de plantes. Les jardins botaniques de Kew, de Saint-Pétersbourg, etc., lui ont fait part de leurs richesses même inédites, ou lui ont fourni les moyens d'étendre le cercle de ses acquisitions ; enfin il n'a reculé devant aucune dépense, et il est à ma parfaite connaissance que, parfois, il a payé des sommes considérables pour se procurer des lots d'espèces très-rares ou nouvelles pour l'Europe. Il est arrivé ainsi à former la collection d'espèces et variétés de Lis certainement de beaucoup la plus riche qui existe aujourd'hui, grâce à laquelle il peut faire lui-même de ces plantes une étude approfondie, et dans laquelle, avec une parfaite obligeance, il trouve les moyens d'aider puissamment aux études des autres. Moi, qui ai été plusieurs fois son obligé sous ce rapport, je suis heureux de pouvoir lui exprimer ici publiquement ma sincère gratitude.

Ce premier but atteint, M. Max Leichtlin a songé à poursuivre le second. Une fois possesseur de sa merveilleuse collection, il a voulu en faire profiter ceux qui aiment les belles plantes et, pour cela, il vient de se décider à céder une partie des échantillons qu'il est parvenu à réunir au prix d'efforts persévérants et de démarches sans nombre. C'est pour les amateurs une bonne fortune que je suis heureux de leur annoncer.

M. Max Leichtlin a bien voulu dernièrement me communiquer la liste des espèces et variétés de Lis qu'il possède, et sur ma demande, il m'a autorisé à la publier. Je m'empresse de profiter de cette autorisation et de reproduire sa liste telle qu'elle m'a été transmise. En la parcourant, on verra combien les établissements d'horticulture le plus justement renommés se trouvent distancés par mon honorable correspondant de Carlsruhe ; on verra aussi combien aujourd'hui le genre Lis peut être largement et splendidement représenté dans les jardins. Mais comme cette liste est simplement le tableau de l'état actuel de la science et de l'horticulture à cet égard, je crois qu'il y aura intérêt à l'accompagner de détails surtout historiques ayant pour but de montrer l'accroissement graduel des connaissances botaniques sur le genre *Lilium*, depuis Linné jusqu'à nos jours. J'en déduirai comme conséquence un aperçu rapide de la distribution géographique des espèces de ce genre à la surface du globe. Je dois faire observer que dans cet exposé, que je n'ai pas la prétention de faire tout à fait complet, je prendrai souvent les espèces comme elles ont été publiées et sans essayer d'en apprécier rigoureusement la valeur. Une discussion permettant d'obtenir ce résultat ne pourrait avoir lieu que dans un travail monographique approfondi pour lequel je suis loin de me sentir suffisamment préparé.

Voici d'abord la liste de la collection de M. Max Leichtlin, telle que je l'ai reçue de lui ; les détails historiques sur l'accroissement successif du genre *Lilium* viendront ensuite comme éclaircissements et comme complément de ces premières indications.

Mon honorable correspondant a joint au nom de ses plantes des signes d'une grande utilité. Le signe ! (point d'exclamation ou de certitude), placé avant un nom, montre que la détermination de l'espèce est regardée par lui comme certaine. Au contraire, le signe ? (point d'interrogation ou de doute), suivant un nom, indique, soit que la détermination de l'espèce ou de la variété ne mérite pas une confiance illimitée, soit qu'il s'agit d'un de ces noms provisoires, comme il en court beaucoup trop souvent dans les jardins, qui n'offrent pas encore comme garantie le contrôle de la science. Les plantes accompagnées d'un *n* sont nouvelles, soit pour les jardins, soit d'une manière absolue. Enfin M. Leichtlin a fait suivre d'un *r* les noms des Lis qui se distinguent par la beauté de la forme ou du coloris. Quelquefois le nom des plantes est accompagné de la désignation de la localité d'où elles sont venues. Dans ce cas, il est à présumer qu'un examen attentif fera reconnaître en elles autant de formes ou de variétés plus ou moins nettes.

Liste des espèces et variétés de *Lilium* formant la collection de
    M. Max Leichtlin, à Carlsruhe (grand-duché de Bade).

Lilium abchasicum?
— ! alternans Sieb. et Vr.
— aurantiacum?
— ! auratum Lindl.
— — ! macranthum. *r*.
— ! avenaceum Fisch. *r*.
— ! Brownii Brow.
— ! bulbiferum L.
— ! Buschianum Lodd.
— — grandiflorum. *r*.
— — nanum
— ! californicum Hort. *n. r*.
— callosum?
— camtschatcense?
— ! canadense L., de Brentwood.
— — de New-Hampshire.
— — de Sheffield.

Lilium canadense superbum.
—     ! candidum L.
—     ! —          fol. argenteo-variegatis.
—     ! carniolicum Bernh.
—     ! carolinianum Michx.
—     ! —              de Chester. r.
—     ! Catesbæi Walt. r.
—     ! chalcedonicum L.
—         —              flore luteo.
—         —              majus.
—         —              punctatum?
—     columbianum ? (Oregon).
—     ! concolor Salisb.
—     ! cordifolium Thunb.
—     ! Coridion Sieb. et Vr.
—     ! croceum Fuchs (et Chaix).
—         —      præcox.
—         —      fl. saturato. n. r.
—     ! davuricum Gawl.
—     ! eximium Court.
—     ! formosum Ch. Lem.
—     formosissimum ?
—     fulgens var. Leichtlinii ?
—     giganteum Wall.
—     ! Humboldtii Roezl. n. r.
—     japonicum Thunb. ?
—     Jeffersoni ?
—     latifolium ?
—     ! Leichtlinii D. Hook. r.
—         —          splendens ?
—     lilacinum ?
—     ! longiflorum Thunb.
—     ! longiflorum de Liu-kiu.
—     ! —          —      præcox.
—     ! —      Takesima.
—     ! —      Wilsonii. r.
—     ! Martagon L.

Lilium ! Martagon album.
— ! — Catanii Vis. *n. r.*
— ! — dalmaticum Maly.
— ! — maculatum splendens Leichtl. *n. r.*
— — superbum.
— — tigrinum tardivum.
— — 19 variétés horticoles.
— ! Maximowiczii Regel. *n.*
— ! monadelphum Bieb.
— ! pardalinum Kellogg. *n. r.*
— ! parvum Kellogg. *n.*
— ! Partheneion Sieb. et Va.
— ! pennsylvanicum.
— peregrinum Mill. ?
— ! philadelphicum L.
— ! — andinum Hook. *r.*
— — de Brentwood.
— — du Connecticut.
— — du Massachussets.
— — des Orange mountains.
— — wansharaicum.
— pinifolium ?
— polyphyllum Royle. *n.*
— ! pomponium L.
— — majus.
— — flavum ?
— — pandanoides ?
— — var. Hort. angl.
— ! ponticum C. Koch.
— ! pseudo-tigrinum Carr.
— ! puberulum Torr. *n. r.*
— ! pubescens Bernh.
— ! pumilum Red.
— ! puniceum Sieb. et Va.
— pygmæum ?
— sanguineum ?
— Sieboldi ?

Lilium sinicum LINDL. *r.*
— ! speciosum THUNB.
— ! — Kæmpferi ZUCC.
— — punctatum.
— — — late maculatum. *r.*
— — atropurpureum. *r.*
— — roseum Wilsoni. *r.*
— — rubrum.
— — — sanguineum ROD. *r.*
— — Schrymakersii. *r.*
— — Vestalis.
— ! spectabile LINK, FISCH.
— — bicolor ?
— — maculatum ?
— ! superbum L.
— — du Connecticut.
— — de la Caroline du Sud. *r.*
— ! tenuifolium FISCH.
— ! testaceum LINDL.
— ! Thunbergianum ROEM. et SCHULT.
— — cupreum.
— — atrosanguineum.
— — aurantiacum.
— — aureum.
— — flore pleno. *r. n.*
— — marmoratum grandiflorum.
— — scarlatinum LEICHTL. *n. r.*
— ! Thomsonianum LINDL.
— ! tigrinum GAWL.
— ! — Fortunei.
— — erectum.
— — foliis variegatis. *n.*
— — flore pleno. *r. n.*
— — splendens LEICHTL. *r.*
— tricolor ?
— tubiflorum WIGHT. *r.*
— ! venustum HORT. BEROL.

Lilium ! Wallichianum Roem. et Schult.
— ! Washingtonianum Kellogg. *n. r.*
— ! Wilsoni Hort. *n. r.*

Lis encore sans nom :
Nᵒˢ 3, 4, 15, 16, 17, 18, 20, 200, 201, 203, de Californie.
Nᵒˢ 131, 164, 165, 166, reçus du Jardin botanique de Kew.
Nᵒ 163 du Wisconsin.
Nᵒ 187 reçu du Jardin botanique de Berlin.
Nᵒˢ 23, 132, 134 reçus du Jardin botanique de Saint-Pétersbourg.
Martagon du Japon, *n. r.*


*Accroissements successifs du genre Lis,*
*depuis Linné jusqu'à ce jour.*


Dans la troisième édition de son *Species plantarum*, qui porte la date de 1762, Linné indiquait, comme composant seules le genre Lis (*Lilium*), neuf espèces qu'on retrouve sans changements, même quant à l'ordre selon lequel elles sont énumérées, dans son *Systema vegetabilium*, daté de 1774, qui porte le nom de J. A. Murray comme celui de son auteur, mais à la rédaction duquel on sait qu'a concouru le grand naturaliste suédois. Voici les noms de ces neuf espèces, avec l'indication des pays que le *Species plantarum* leur assigne pour patrie : 1. *Lilium candidum*, de Palestine, de Syrie et de Cadix, avec 2 variétés ; 2. *L. bulbiferum*, d'Italie, d'Autriche et de Sibérie, avec 7 variétés ; 3. *L. pomponium*, des Pyrénées et de Sibérie, avec 2 variétés ; 4. *L. chalcedonicum*, de Perse et de Platina en Carniole, avec 2 variétés ; 5. *L. superbum*, de l'Amérique septentrionale ; 6. *L. Martagon*, de Hongrie, de Suisse, de Sibérie et de Leipzig ; 7. *L. canadense*, du Canada ; 8. *L. philadelphicum*, du Canada ; 9. *L. camtschatcense*, du Canada et du Camtschatka.

Quant aux caractères par lesquels Linné distinguait ces neuf espèces, ils permettent de séparer les 4 dernières, à feuilles verticillées, au moins pour la plupart, des 5 premières dans lesquelles les feuilles sont toujours éparses, c'est-à-dire alternes ou mieux encore spiralées. Parmi ces 5 premières espèces, deux ont leurs fleurs en cloche, c'est-à-dire bien ouvertes et non enroulées en dehors, non pendantes; ce sont les *L. candidum* et *bulbiferum*; les trois autres ont les leurs pendantes ou réfléchies, roulées en dehors, ou révolutées, ce sont : *L. pomponium*, *L. chalcedonicum* et *L. superbum*. Des deux premières, le *L. candidum* se reconnaît aisément à ses fleurs d'un blanc si pur qu'il est devenu proverbial, et lisses à leur face interne, tandis que le *L. bulbiferum* se distingue par les siennes colorées en bel orangé vif, et de plus hérissées à leur face interne de nombreuses petites proéminences ou papilles; ajoutons que, comme l'indique son nom, il développe d'ordinaire, à l'aisselle de ses feuilles supérieures, des sortes de très-petits oignons ou bulbilles, qui peuvent servir à le multiplier. Parmi les trois espèces à fleurs réfléchies et révolutées, celle d'Amérique ou le *L. superbum* est une grande et belle plante, dont les fleurs, dépourvues de papilles sur leur face interne, sont rouges, passant au jaune et marquées de nombreux points bruns-noirâtres; quant aux deux autres, dont les fleurs ont la même configuration et peuvent varier en couleur du rouge le plus vif au jaune, Linné signale entre elles cette différence que l'une, le *L. pomponium*, a ses feuilles linéaires, c'est-à-dire fort étroites, aiguës, en gouttière à la face supérieure, et formant comme un prisme à trois angles ou triquètres, tandis que dans l'autre, le *L. chalcedonicum*, les feuilles sont sensiblement moins étroites, lancéolées, et se trouvent portées en grand nombre sur toute la longueur de la tige, au point de presque la couvrir. — Parmi les quatre espèces à feuilles verticillées, au moins pour la plupart, l'une se distingue avant tout par ses fleurs réfléchies, purpurines le plus souvent, mais pouvant varier beaucoup de couleur, dont le périanthe est assez nettement révoluté ou roulé en dehors en turban pour la faire nommer vulgairement Lis turban; c'est le *L. Martagon*; une autre, *L. philadelphicum*, est facile à caractériser parce que ses fleurs, dressées, d'un rouge-orangé passant au jaune vers le centre où se trouvent beaucoup de points pourprenoir, ont les six pièces de leur périanthe rétrécies inférieurement en un long onglet; enfin les fleurs plus ou moins réfléchies, campanulées et légèrement révolutées, d'un jaune orangé, marquées intérieurement de quantité de points pourpre-noirs, que possède le *L. canadense*, suffisent pour faire distinguer cette espèce du *L. camtschatcense* à fleurs dressées, assez petites, campanulées, dont la couleur est un rouge-pourpre foncé qui s'éclaircit et passe au jaune vers la base où se montrent de petits points noirs.

Comme on l'a vu par l'indication de la patrie que Linné assigne à chacune de ses neuf espèces de *Lilium*, cinq de ces plantes croissent naturellement sur quelque point de l'Europe méridionale et les quatre autres sont propres à l'Amérique du nord. Il s'ensuit que la partie orientale de l'Asie, et particulièrement le Japon, qui plus tard a contribué plus que toute autre contrée à l'accroissement de ce genre de plantes bulbeuses, étaient entièrement négligés par l'immortel botaniste, bien que déjà, dans ses *Amœnitates academicæ* (5ᵉ fasc., p. 870-872), publiées en 1712, Kæmpfer eût signalé plusieurs Lis qui appartiennent à cette partie de l'Asie, notamment ceux qui ont reçu plus tard les noms de *Lilium cordifolium, speciosum* et *tigrinum*.

Mais ces espèces japonaises ne tardèrent pas à sortir de l'oubli où Linné les avait laissées. Thunberg qui, dans sa Flore du Japon, (*Flora japonica*), publiée en 1784, ne s'était préoccupé que d'une seule idée, celle de les faire rentrer toutes dans les espèces européennes, reconnut bientôt combien étaient forcées les assimilations qu'il avait faites ainsi. Dans un mémoire intitulé *Botanical Observations on the Flora japonica* (Observations botaniques sur la Flore du Japon), qui a été inséré dans le second volume des *Transactions de la Société Linnéenne de Londres*, il créa, mais en ne les caractérisant que succinctement : 1° le *Lilium cordifolium* (p. 332), le Sjirè, Sjiroi et Osjiroi des Japonais et de Kæmpfer, qui figurait auparavant sous le nom d'*Hemerocallis cordata* Thunb., dans la Flore du Japon (p. 143); 2° le *L. speciosum* (p. 332), le Kasbiako, ou Konokko Juri des Japonais et de Kæmpfer, qu'il avait rangé sous le nom de *L. superbum* dans son premier ouvrage (p. 134); 3° le *L. longiflorum* (p. 333), appelé par lui *L. candidum* dans le *Flora japonica* (p. 133), ou le Biakko de Kæmpfer ; 4° le *L. lancifolium* (p. 333), dont le nom a été malheureusement transporté au *L. speciosum* par tous nos horticulteurs, de manière à produire une confusion fâcheuse; il l'avait indiqué dans sa Flore comme le *L. bulbiferum*. C'est à tort qu'il y rattache comme synonyme le Kentan ou Oni Juri de Kæmpfer (*Amœn. ex.*, p. 871), qui ne peut être, ce me semble, qu'une espèce décrite ensuite par Gawler, dans le *Botanical Magazine*, sous le nom de *L. tigrinum*; 5° le *L. maculatum* (p. 334), qu'il avait confondu avec le *L. canadense*, dans sa Flore japonaise (p. 135).

Thunberg reprit ensuite avec plus de soin le même sujet et fit de la description des Lis japonais l'objet d'un écrit spécial qui parut dans le 3ᵉ volume des *Mémoires de l'Académie impériale des Sciences de Saint-Pétersbourg* (1811), sous le titre de *Examen Liliorum japonicorum* (p. 200-208, pl. 3, 4, 5). Dans ce nouveau travail, qui porte sur huit espèces, il décrivit moins incomplètement les cinq espèces déjà signalées par lui dans son premier mémoire, et donna pour trois d'entre elles (*L. lancifolium*, *L. longiflorum*, *L. maculatum*) des figures noires fort médiocres ; de plus il en caractérisa et figura deux nouvelles, sous les noms de *L. elegans* (p. 203, pl. iii, fig. 2) et *japonicum* (p. 205, pl. v, fig. 2). Persistant néanmoins dans sa tendance funeste à retrouver des plantes européennes au Japon, il admit, dans ce même travail, sous le nom de *L. pomponium* L., le Lis que Siebold et Zuccarini, dans leur *Flora japonica*, ont décrit et figuré, en 1835, comme leur *L. callosum*.

Plusieurs des Lis japonais qui ont été publiés par Thunberg sont bien connus aujourd'hui dans les jardins. C'est que ceux-là sont nettement caractérisés. Ainsi on ne peut confondre avec aucune espèce de ce genre le *Lilium cordifolium* Thunb., qui n'a d'analogie qu'avec une espèce découverte plus tard dans le Népaul par Wallich (*L. giganteum* Wall.), par son port particulier, par ses feuilles en forme de cœur, par ses longues fleurs presque tubulées et peu ouvertes, dont la couleur est un blanc un peu sale sur lequel se dessinent nettement des stries et macules purpurines, rapprochées en bande médiane sur les pétales ; mais sa taille beaucoup plus faible (un mètre au plus), le nombre généralement moindre de ses fleurs peu ouvertes, sa capsule relevée d'angles longitudinaux proéminents, en font une espèce entièrement différente de celle du Népaul. — Le *L. speciosum* Thunb. est une plante magnifique dont Siebold a plus tard apporté des oignons au Jardin botanique de Gand, et qui, à sa première floraison, en 1833, fit une véritable sensation. Sa tige, roide et glabre, porte des feuilles toutes alternes, ovales-oblongues, aiguës, à base plus ou moins arrondie, brièvement pétiolées, et parcourues par de fortes nervures longitudinales généralement au nombre de 5 ou 7; ces feuilles deviennent plus étroites vers le haut de la plante qui se ramifie parfois beaucoup, de manière à porter jusqu'à une vingtaine de fleurs. Celles-ci sont fort grandes, réfléchies, révolutées, et les folioles de leur périanthe sont hérissées à leur face interne de nombreuses papilles généralement colorées en rose plus ou moins vif. Ce magnifique Lis a donné de nombreuses variétés dans lesquelles la fleur varie du rose vif au blanc rosé, même au blanc pur, et dont une est une monstruosité à tige aplatie, c'est-à-dire fasciée, portant supérieurement beaucoup de fleurs plus petites que dans les autres variétés. Il est fâcheux que les jardiniers belges, suivant en cela le fâcheux exemple de Mussche, jardinier-chef au Jardin botanique de Gand, aient transporté sans le moindre motif à cette espèce le nom de *L. lancifolium* sous lequel elle est plus connue aujourd'hui que sous sa véritable dénomination. Or, le vrai *L. lancifolium* THUNB. n'a pas été encore introduit en Europe. Thunberg, qui n'y avait vu d'abord que notre Lis bulbifère, y reconnut ensuite une espèce à part (*Trans. of the Linn. Soc.*, II, 1794, p. 333) caractérisée par sa tige haute seulement de 0$^m$ 33 ou un peu plus, anguleuse, hérissée et rougeâtre; par des feuilles alternes, nombreuses, sessiles, lancéolées et pointues, glabres, toutes assez petites et le devenant de plus en plus vers le haut de la plante, où il se produit des bulbilles à leur aisselle, enfin par une fleur blanche, petite, solitaire, dressée, presque campanulée, dans laquelle les folioles du périanthe sont rétrécies inférieurement en onglet. On voit qu'entre ce Lis, dont Thunberg n'a donné qu'une médiocre figure représentant l'extrémité d'une tige terminée par un jeune bouton de fleur encore peu avancé, et le *L. speciosum*, il n'existe pas un seul point de ressemblance; il est donc fort regrettable que les horticulteurs transportent à l'un le nom de l'autre.

Une autre espèce japonaise, qui n'existe pas plus que la précédente dans les jardins de l'Europe, est celle que Thunberg avait prise d'abord, dans sa Flore (p. 135) pour le Lis du Canada et dont, en 1794, il a fait son *Lilium maculatum*. Plus tard, il en a donné une figure (*Mém. de l'Acad. impér. des Sc. de Saint-Pétersb.*, III, p. 204, pl. 5, fig. 1). A en juger par cette figure et par la description qui l'accompagne, le Lis tacheté est haut, en moyenne, de 0<sup>m</sup>33 ; sa tige glabre est arrondie, striée ou sillonnée, simple jusqu'au niveau de l'inflorescence; elle porte des feuilles assez nombreuses, de grandeur moyenne ou petites, lancéolées, aiguës, rétrécies vers leur base qui cependant ne s'allonge pas en pétiole, relevées, à leur face inférieure, de plusieurs nervures; ces feuilles sont rapprochées en faux-verticille à la base de l'inflorescence. Celle-ci comprend 4 à 6 fleurs de grandeur moyenne, campanulées, mais rejetant quelque peu en dehors l'extrémité des pièces de leur périanthe; leur couleur est indiquée comme un rouge-sang, tout parsemé, en dedans de la fleur, de points et macules pourpre foncé. M. Asa Gray (*Diagnostic Characters of new spec. of Phænog. Plants, collected in Japon by Ch. Wright ; Mem. of the amer. Acad.*, VI, p. 434) cite, avec doute il est vrai, cette plante comme une variété du *L. superbum* L., détermination qui ne me semble pas inattaquable.

On ne possède pas non plus en Europe le Lis japonais que Thunberg a nommé *Lilium elegans* (*Mém. de l'Acad. de Saint-Pétersb.* III, p. 203, pl. 3, fig. 2), et qu'il avait qualifié d'abord de *L. philadelphicum*, dans sa Flore (p. 135), puis de *L. bulbiferum* dans son mémoire sur les plantes du Japon (*Trans. of the Linn. Soc.*, II, p. 333). C'est, dit le botaniste suédois, une plante haute d'environ 0<sup>m</sup>33 ou davantage, dont la tige arrondie, lisse, simple et glabre, porte des feuilles de grandeur moyenne, alternes, dressées et se termine par une grande fleur incarnat, campanulée, rejetant plus ou moins en dehors l'extrémité des pièces oblongues de son périanthe. Thunberg compare cette espèce au Lis bulbifère dont elle se distingue, dit-il, par sa tige simple, lisse et uniflore, ni striée, ni divisée, par ses feuilles plus ovales-oblongues, espacées, enfin par les pièces de son périanthe ovales et non rétrécies en onglet à leur base. La figure qu'il en a publiée n'en donne qu'une idée fort imparfaite.

Quant au *Lilium longiflorum* THUNB. (*Trans.*, II, p. 333 et *Mém. de l'Acad. de Saint-Pétersb.*, III, p. 203, pl. 4), il est non-seulement bien connu, mais encore fréquemment cultivé aujourd'hui dans les jardins. Il appartient à une groupe de Lis japonais à grande fleur blanche, dont le botaniste suédois avait déjà distingué une autre espèce sous le nom de *L. japonicum* (voyez *Mém. de l'Acad. de Saint-Pétersb.*, III, p. 205, pl. 5, fig. 2). Il est peu difficile de caractériser le *L. longiflorum*, plante haute de 0ᵐ 33 à 0ᵐ 50, dont la tige, arrondie et glabre, porte beaucoup de feuilles alternes, épaisses, lancéolées, assez larges pour leur longueur, acuminées, relevées à leur face inférieure de 3 nervures peéminentes, et se termine par une à deux, rarement trois grandes et belles fleurs d'un blanc pur en dedans, d'un blanc un peu sale en dehors, peu penchées, ayant le tube relativement un peu court, qui s'élargit graduellement à partir de sa base pour passer à un limbe large, bien ouvert et étalé; mais il est beaucoup moins facile de comprendre quelle est la plante que Thunberg a désignée dès 1783, dans son *Flora japonica* (p. 133), sous le nom de *L. japonicum*. Aussi a-t-on vu que, dans le Catalogue de sa collection, M. Leichtlin indique par un point de doute (?) qu'il n'est nullement certain de l'identité spécifique du Lis cultivé par lui sous cette dénomination. En effet, les caractères par lesquels Thunberg distingue son espèce manquent de précision, et la mauvaise figure qu'il en donne ne peut certainement pas dissiper les doutes que fait naître sa description ; elle est même en opposition, à certains égards, avec son texte, car elle représente les folioles du périanthe oblongues-lancéolées, très-pointues et acuminées, tandis que le texte décrit ces mêmes folioles comme elliptiques. Au total, d'après ce botaniste, le *L. japonicum* est une plante haute d'environ 0ᵐ 65, dont la tige arrondie, unie et glabre, porte des feuilles peu nombreuses, longues de près de 0ᵐ 20 (spithamæa), alternes, rarement opposées, presque pétiolées, lancéolées, acuminées, glabres, pâles à leur face inférieure où se dessinent cinq nervures. Cette tige est terminée par une seule fleur blanchâtre, campanulée, longue de 0ᵐ 081 (palmaris). Ce Lis est qualifié de très-beau par Thunberg, qui ajoute que, spontané à Miaco et ailleurs, il est souvent cultivé par les Japonais comme plante ornementale.

Ces sept espèces de Lis japonais, dues à Thunberg, étant retranchées, il ne reste que celle qu'il assimilait à tort à notre Lis Pompon ou de Pompone et dont beaucoup plus récemment Siebold et Zuccarini ont fait leur *L. callosum*.

Pendant que Thunberg étudiait et faisait connaître les Lis du

Japon, à la fin du siècle dernier, le botaniste français, André Michaux explorait les États-Unis pour en examiner les productions végétales. Les résultats de ses explorations furent consignés dans son *Flora boreali-americana*, publié en 1803. Mais tandis que, pour divers genres, il avait largement agrandi le cercle des connaissances botaniques, il dut laisser celui des Lis presque dans son état antérieur. En effet, il n'en signala, dans son ouvrage, que trois espèces : l'une linnéenne, *L. canadense* L.; la seconde, déjà distinguée par Walter, dans sa Flore de la Caroline publiée en 1788; je veux dire le charmant *L. Catesbœi* WALT., plante méridionale, qui avait été signalée et figurée, dès 1743, par Catesby, dont la tige, haute de 0ᵐ 33 à 0ᵐ 50, arrondie, glabre, un peu brunâtre à sa partie inférieure, porte des feuilles alternes, espacées, linéaires-lancéolées, aiguës, un peu glauques à leur face supérieure, presque dressées, et dont la grande fleur solitaire, dressée, colorée en rouge-sang qui passe au jaune vers le centre où se trouvent beaucoup de macules brun-pourpre, a les folioles de son périanthe étroites, ondulées sur les bords, rétrécies à leur sommet en une longue pointe et à leur base en un long onglet étroit, et de plus révolutées ; enfin la troisième, considérée comme nouvelle par ce botaniste qui l'a nommée *L. carolinianum*, en la caractérisant par ses feuilles presque toutes verticillées, sans nervures apparentes, et par ses fleurs, solitaires, ou au nombre de deux ou trois, qui sont réfléchies, fortement révolutées, colorées en rouge-ponceau, passant au jaune plus ou moins orangé, dans leur moitié centrale où se trouvent éparses beaucoup de macules brun-rouge. Ce joli Lis, au lieu de constituer une espèce à part, n'est bien plutôt qu'une simple variété du *L. superbum* L., plus réduite que le type de cette belle espèce. C'est la même plante qui a reçu ensuite, de Poiret, le nom de *L. Michauxii* (*Encyc.*, *Supplém.*, III, p. 457), et de Rœmer et Schultes, celui de *L. Michauxianum* (*Syst.*, VII, p. 404).

Au total, au commencement de ce siècle, en 1805, lorsque Persoon publia le 1ᵉʳ volume de son *Synopsis plantarum seu Enchiridium botanicum*, relevé de toutes les espèces phanérogames qui étaient connues, à cette époque, le genre *Lilium* n'était encore représenté dans son ouvrage que par 17 espèces dont voici les noms rattachés aux deux sections qu'admettait ce botaniste.

1° Fleurs dressées, à périanthe campanulé.

1. Lilium cordifolium THUNB.; 2. L. longiflorum THUNB.; 3. L. candidum L.; 4. L. japonicum THUNB.; 5. L. lancifolium THUNB.; 6. L. bulbiferum L. et *croceum*, plante du Dauphiné, de Suisse, etc., qui avait été auparavant et à juste titre considérée comme une espèce distincte, sous le nom de *L. croceum*, par Chaix, dans l'*Histoire des plantes du Dauphiné* par Villars (1786) ou même bien longtemps auparavant par Fuchs.

2° Fleurs à périanthe roulé en dehors.

7. Lilium Catesbæi WALT.; 8. L. speciosum THUNB.; 9. L. Pomponium L.; 10. L. chalcedonicum L.; 11. L. superbum, L.; 12. L. Martagon L.; 13. L. carolinianum MICH.; 14. L. canadense L.; 15. L. maculatum THUNB.; 16. L. camschatcense L.; 17. L. philadelphicum L.

Est-il besoin de faire observer que cette liste aurait été accrue d'une espèce si, en 1805, Thunberg avait déjà distingué son *Lilium elegans* ?

C'est surtout à partir de l'époque à laquelle a paru le *Synopsis* de Persoon, c'est-à-dire pendant le cours du 19ᵉ siècle, que l'augmentation est devenue considérable dans le nombre des espèces du genre *Lilium*. Alors les voyages scientifiques ont été plus fréquents, l'exploration des contrées étrangères a été plus attentive et plus complète, l'étude des plantes par les botanistes sédentaires a été plus approfondie; il en est résulté, d'un côté, de nombreuses découvertes, de l'autre quelques distinctions plus ou moins légitimes de plantes confondues auparavant avec d'autres. Les matériaux se sont ainsi graduellement accumulés; malheureusement ils n'ont pas été encore, dans ces dernières années, soumis à une révision monographique complète qui permette de séparer le bon du mauvais, les espèces légitimes de celles qui ont été admises sans motifs suffisants (1). C'est là, dans la science, une lacune regrettable que pourra combler M. Leichtlin, grâce aux précieux

---

(1) Le travail estimable de Spae sur les Lis, qui a paru en 1847, dans le 9ᵉ volume des Mémoires couronnés par l'Acad. roy. de Belgique, remonte à 23 ans, et, déjà médiocrement complet au moment de sa

éléments de travail qu'il est parvenu à réunir, ou si, ce qu'à Dieu ne plaise, il reculait devant cette tâche ardue, tout autre botaniste qui ne se laissera pas effrayer par la difficulté de l'entreprise.

Pour donner une idée des acquisitions faites, pendant ce siècle, en fait de Lis nouveaux, je crois qu'il sera commode d'en rattacher l'indication à chacune des grandes contrées qui les ont fournies.

1. *Europe*. — L'Europe est peu riche en Lis et ceux qui lui appartiennent ont été connus de bonne heure. Il n'était donc pas à présumer que les botanistes modernes en augmentassent notablement le nombre par leurs découvertes; c'est ce qui a eu lieu en effet. Toutefois l'exploration de ses parties peu fréquentées a donné quelques résultats sous ce rapport.

M. Grisebach a trouvé en Albanie un Lis dont la fleur est jaune ainsi que les anthères, avec le périanthe révoluté, et qui ressemble beaucoup au Lis des Pyrénées. Il l'a nommé *Lilium albanicum* (*Spicileg. fl. rumel.*, II, p. 385 [1844]). Cette espèce croît dans la région alpine, sur les montagnes de cette contrée; mais elle paraît y être rare et d'ailleurs elle n'a pas été encore introduite dans les jardins. — Bernhardi a érigé en espèce, sous le nom de *L. carniolicum* (in ROEHLING's, *Deutschl. Fl.*, II, p. 536), un Lis qu'il a découvert croissant dans la zone sous-alpine, sur les montagnes de la Carniole et de l'Istrie, à fleur réfléchie, ayant le périanthe révoluté, d'un beau rouge-minium ou fauve, marqué vers sa base de linéoles proéminentes brun-pourpre nombreuses. Cette espèce se rapproche plus, selon Koch, du Lis de Pompone que de celui de Chalcédoine. — Enfin, Ebel a observé, sur les montagnes du Monténégro, une plante haute de $0^m50$, ou un peu plus, d'un port très-grêle, qu'il a nommée, pour ce motif, *L. gracile*, mais dont il n'a rencontré que des pieds en fruit. Il l'a décrite et figurée dans cet état (*Zwœlf Tage auf Montenegro* [1842], p. 8-9, pl. I, fig. 4, a, b, c, d). Il paraît que cette plante n'a pas été retrouvée.

Ce sont là, si je ne me trompe, les seules découvertes de Lis

publication, il l'est, on le conçoit sans peine, beaucoup moins encore aujourd'hui. D'ailleurs ce mémoire, où il est question de 44 espèces de Lis, ne se recommande point par une critique botanique bien rigoureuse.

européens qui aient été faites depuis Persoon ; mais, en outre, j'ai dit plus haut que Chaix a rétabli comme une espèce à part le Lis orangé (*L. croceum* CHAIX, in VILL., *Dauph.*, I, p. 322), dont Persoon faisait une simple variété du Lis bulbifère. Les motifs de cette séparation sont que le Lis orangé ne produit pas de bulbilles à l'aisselle de ses feuilles ; que ses grandes et belles fleurs dressées, campanulées, solitaires dans la plante spontanée, plus ou moins nombreuses sur les pieds cultivés, sont colorées en très-bel orangé et parsemées de petits points noirâtres, et que de plus, il produit une capsule relevée de 6 angles aigus, pouvant être appelés des ailes, sur toute sa longueur, profondément ombiliquée à son extrémité ; tandis que le Lis bulbifère a son fruit marqué seulement de 6 angles obtus, qui ne se dilatent en membrane saillante que dans la partie supérieure. — D'un autre côté, Gouan, dans ses *Illustrationes* (p. 25), avait distingué, dès l'année 1773, le Lis des Pyrénées (*L. pyrenaicum* GOUAN), comme une espèce à part. Cette plante avait été regardée par les uns, tels que Lamarck (*Encyc.*, p. III, 536), Persoon (*Ench.*, I, p. 359), Gawler (*Bot. Mag.*, pl. 798), comme une variété du Lis de Pompone ; par d'autres, notamment par Gmelin (*Syst.*, p. 544), comme une variété du Lis de Chalcédoine. Il est certain qu'elle a une ressemblance générale et une analogie marquée de caractères avec l'un et l'autre, surtout avec le premier. Néanmoins son port robuste, ses feuilles très-nombreuses, ciliées, lancéolées, mais devenant quelquefois notablement plus larges, surtout les inférieures ; ses fleurs révolutées, d'un jaune un peu verdâtre, marquées intérieurement de points rouge-noirâtre, exhalant une odeur de bouc aussi forte que désagréable, dans lesquelles le style, à peine aussi long que l'ovaire, est épais dans toute sa longueur, et dans lesquelles aussi les folioles du périanthe portent un duvet laineux à leur extrémité, suffisent pour en autoriser la distinction. Ajoutons que ses fleurs, le plus souvent au nombre de trois ou quatre, à l'état spontané, et disposées en grappe, sont portées chacune au sommet d'un long pédoncule qui se recourbe supérieurement en demi-cercle pour les rendre entièrement pendantes ou les reporter même un peu en dedans ; ce pédoncule naît de l'aisselle d'une bractée relativement plus large que les feuilles supérieures.

M. Max Leichtlin a, dans sa collection, deux Lis qu'il a reçus du Montenegro et qui constituent deux variétés du Lis Martagon aussi tranchées que curieuses par leurs fleurs d'un tissu épais, dont la couleur est un pourpre tellement foncé qu'il semble presque noir. Je ne connais pas assez ces deux plantes remarquables pour en dire autre chose en ce moment. Elles figurent dans sa liste sous les noms de *Lilium Martagon dalmaticum* et *Catanii* Vis.

Peut-être faut-il joindre aux Lis européens le *L. peregrinum* Mill., qui était pour Linné une simple variété du Lis blanc ordinaire, distinguée surtout par ce que les pièces de son périanthe sont notablement plus étroites et rétrécies à leur base ; mais les uns disent cette plante originaire de Constantinople, d'autres la font venir d'Orient, c'est-à-dire de l'Asie occidentale, ou présument même qu'elle est née dans les jardins, de même que le *L. pubescens* Bernh., à fleur rouge-orangé, issu du Lis bulbifère, et que caractérisent surtout ses pédoncules couverts d'un duvet blanc ainsi que ses boutons de fleurs.

II. *Russie d'Asie*. — Les immenses possessions de la Russie en Asie et les pays limitrophes ont été explorés, au point de vue botanique, depuis environ 50 années, par plusieurs voyageurs qui y ont découvert un assez grand nombre d'espèces du genre *Lilium*. Ces plantes ont été décrites presque toutes dans des ouvrages relatifs à la flore de ce vaste empire.

On doit à Fischer la connaissance de 4 d'entre elles. Ce sont les suivantes : 1° *Lilium avenaceum* Fisch., plante du Camtschatka, de la Mandchourie, des îles Kuriles et Sachalin, enfin du Japon, à fleurs de grandeur moyenne, rouge-ponceau, quelquefois orangées, parsemées de quelques macules foncées, peu révolutées, dont la tige ne porte d'ordinaire qu'un seul verticille de feuilles lancéolées, aiguës ; cette espèce avait été simplement nommée, mais non décrite par Fischer ; M. Maximowicz l'a décrite et figurée dans le *Gartenflora*, en 1865 (p. 290-292, pl. 485). 2° *L. pulchellum* Fisch. (*Hort. berol*, 1834 et *Animadv. botan.*, 1839, décem., p. 14), charmante petite plante de Sibérie, à fleur solitaire (dans la plante spontanée seulement) d'un beau rouge-minium, parsemée à sa face interne de petits points plus foncés, remarquable par la brièveté de son style. 3° *L. tenuifolium* Fisch. (*Ind. pl. hort.*

*Gorenk.*, 1812, p. 8), belle espèce répandue dans presque toute la Sibérie méridionale, dans le bassin du fleuve Amur, qui doit son nom à ses feuilles linéaires, rapprochées au milieu de la tige ; elle produit plusieurs fleurs révolutées, réfléchies, colorées en beau rouge et non ponctuées. M. Leichtlin regarde et, je crois, avec pleine raison, comme une simple variété de cette espèce, mais plus robuste et plus abondamment florifère, un Lis introduit du Japon par Siebold, et qui a reçu de ce voyageur-botaniste le nom de *Lilium puniceum* SIEB. et VR. Ayant reçu de M. Leichtlin une fleur fraîche de chacune de ces deux plantes, je les ai trouvées absolument identiques. 4° *L. Szovitzianum* FISCH. et AVÉ LALLEM. (*Animadv. botan.*, décem. 1839, p. 16), plante propre aux régions caucasiennes, dont la tige, haute d'un mètre ou même davantage, se termine par une grappe de fleurs révolutées, réfléchies, d'un beau jaune parsemé de points rouges à l'intérieur, et à peu près de la grandeur de celles du Lis blanc. Elle est presque aussi connue sous le nom de *L. colchicum* STEV. M. K. Koch affirme (*Wochens.*, 1866, p. 100) que c'est une simple forme due à l'âge et au terrain du *L. monadelphum* BIEB., et que la plante à fleurs plus petites, fortement révolutées, d'une couleur d'abord verdâtre et finalement jaune ocreux, qui a été décrite et figurée sous ce même nom de *L. Szovitzianum*, en 1864, par M. Regel, dans le *Gartenflora* (XIII, p. 161-162, pl. 436), n'est pas autre chose que son *L. ponticum.*

Le *L. monadelphum* MARSCH a BIEB. (*Centur. plant. rar. Rossiæ merid.*, pars 1, tab. 4, 1810) est une très-belle plante des régions caucasiennes, qui atteint et dépasse un mètre de hauteur ; dont la tige, garnie de nombreuses feuilles lancéolées et hérissées en dessous sur les nervures, se termine par une grappe de 5-6 fleurs penchées ou pendantes, d'un beau jaune et parsemées, surtout vers le fond, de points rouges ; ces fleurs ont la forme et presque la grandeur de celles du Lis blanc ; leurs étamines ont les filets soudés entre eux par le bas. Leur périanthe est d'abord peu rejeté en dehors ; mais, d'après M. K. Koch (*loc. cit.*), il devient fortement révoluté après la fécondation, et c'est en cet état, dit ce botaniste, que Schultes, père et fils, en ont fait un peu dubitativement leur *L. Loddigesianum* (RŒM. et SCHULT., *Syst.*, VII, p. 416, in adnot.).

A côté de ces Lis à fleurs jaunes, il faut placer le *L. ponticum*

C. Koch (*in Linnœa*, XXII, 1849, p. 234), que M. K. Koch a découvert, en 1843, sur les montagnes de la Transcaucasie, pachalik de Trébisonde, et qui, avec un port analogue à celui du Lis monadelphe, se distingue de celui-ci par sa taille de moitié plus faible, par ses fleurs d'un jaune moins franc, d'abord verdâtres et finalement ocreuses, plus petites, beaucoup plus fortement révolutées et dès lors plus courtes, par ses étamines entièrement libres et distinctes les unes des autres, etc. Cette espèce paraît être limitée à la portion occidentale des régions transcaucasiennes et au nord de l'Asie mineure.

On trouve dans le grand et splendide ouvrage de Redouté sur les Liliacées (pl. 378), décrit et figuré sous le nom de *L. pumilum*, un joli Lis à plusieurs fleurs petites, réfléchies, médiocrement révolutées, colorées en beau rouge-ponceau, qui rivalise en élégance avec le *L. tenuifolium* Fisch., et qui se rapproche assez de cette dernière espèce pour que M. K. Koch ait affirmé (*Wochensc.*, 1866, p. 53) qu'elle n'en diffère en rien. Toutefois M. Regel (*Gartenf.*, 1865, p. 65-66, pl. 463, fig. 1) la conserve comme espèce séparée dont la distinction est, dit-il, basée sur ce qu'elle a les feuilles plus larges et plus roides que ne sont celles du *L. tenuifolium*, avec des fleurs plus petites dans lesquelles les folioles du périanthe manquent intérieurement de sillon nectarifère. Dans Redouté, la Daourie est indiquée comme la patrie de ce Lis; cette indication avait été regardée comme inexacte; mais elle a été récemment justifiée par M. R. Mack qui a trouvé la plante sur les confins de la Daourie, dans le bassin de l'Amur.

Link a nommé *Lilium spectabile* (*Enum. hort. berol.*, I, p. 321) une fort belle espèce qu'on rencontre dans toute la Sibérie méridionale et qui, généralement uniflore, à l'état spontané, produit plusieurs fleurs dans les jardins. Ces fleurs sont grandes et belles, dressées, presque en cloche, colorées en beau rouge-minium ou orangé, laineuses en dehors. C'est évidemment la même plante qui a été nommée par Gawler ou Ker (*Botan. Magaz.*, tab. 1210) *L. davuricum*, bien que M. Reichenbach (*Iconog. botan. exot.*, 1ᵉ cent., I, p. 68) ait combattu cette assimilation. Cette même espèce a été répandue dans les jardins par M. Van Houtte sous le nom de *L. umbellatum* qui appartient en réalité à une plante des

Etats-Unis ; M. Aza Gray, M. Miquel, etc., n'ont vu dans le *L. spectabile* LINK qu'une variété du Lis bulbifère ; mais M. Glehn (*Suppl. ad indic. sem. anni* 1868 *H. petrop.*, p. 19, 1870) conteste l'exactitude de cette opinion surtout d'après la différence du fruit de ces deux plantes, caractère déjà signalé par Fischer, Meyer et Lallemant.

Enfin Loddiges a caractérisé succinctement et figuré (*Botan. Cabin.*, nº 1628), sous le nom de *L. Buschianum*, un Lis de Sibérie, qu'il avait reçu de Jos. Busch, de Saint-Pétersbourg, dont la tige, haute de 0ᵐ 33-0ᵐ 60, porte à son extrémité une ou plusieurs jolies fleurs dressées, non révolutées, odorantes, colorées en beau rouge-ponceau, parsemées intérieurement de points pourpre-noir (1). M. K. Koch regarde cette espèce (*Wochensc.*, 1868, p. 149) comme voisine du *L. pulchellum*.

III, *Chine.*—Malgré son immense étendue, la Chine n'a pas beaucoup contribué à l'accroissement du genre *Lilium* ; en effet, à part quelques espèces sibériennes qui s'étendent jusque dans ses provinces septentrionales, et quelques autres qui lui appartiennent en commun avec le Japon, on n'a, du moins à ma connaissance, signalé que les suivantes comme étant son apanage propre.

Salisbury a donné (*Paradis.*, tab. 47) le nom de *Lilium concolor* à une espèce qu'on dit avoir été importée de Chine en Angleterre par Gréville, en 1806. Elle est restée fort rare dans les jardins, bien qu'elle dût être recherchée pour ses fleurs larges d'environ 0ᵐ 06, réunies par 3-4 en une ombelle terminale, à la base de laquelle se trouve un verticille de 3-4 feuilles florales, et qui sont dressées, très-ouvertes, non revolutées, colorées en beau rouge-minium uniforme. La plante est haute de 0ᵐ 35-0ᵐ 50. Sa tige grêle, arrondie, glabre (dans un bel échantillon non spontané que j'ai en herbier), porte une dizaine de feuilles alternes, presque uniformément réparties sur sa longueur, oblongues-lancéolées, aiguës, rétrécies vers leur base, longues de 0ᵐ 05-0ᵐ 07, glabres, mais briè-

_______________

(1) Dans un échantillon uniflore, à fleur déjà fanée, que je viens de recevoir de M. Leichtlin (13 juin 1870), les 3 sépales se sont fortement révolutés, au point de faire un tour entier sur eux-mêmes, tandis que les pétales sont restés droits : les uns et les autres sont remarquables par leur côte médiane très-prononcée en dehors où elle est chargée de longs poils blancs.

vement ciliées, pâles en dessous, qui deviennent graduellement plus larges, à mesure qu'elles sont placées plus haut. Le pistil est plus court que les étamines, et son style est de même longueur que l'ovaire. Il en existe une variété à une seule fleur que Link regardait (*Enum.*, I, 321) comme le type de l'espèce.

En 1824, avait été importé de Chine, dans le jardin de la Société royale d'Horticulture de Londres, un charmant petit Lis dont la tige ne dépassait pas 0^m 25-0^m 30 de hauteur et se terminait par 2 ou 3 fleurs de grandeur moyenne, colorées en très-beau rouge écarlate. Lindley nomma cette plante Lis de la Chine, *L. sinicum* (*Flow. Gard.*, II, 1851-52, *Misc.*, p. 115, c. ic. xylog. 193), et en donna une figure gravée sur bois. L'année même de son introduction, cette plante fleurit; mais il paraît qu'on ne tarda pas à la perdre, et c'est seulement grâce au voyage de M. Fortune qu'on l'a possédée de nouveau en Europe; elle est néanmoins restée fort rare dans les jardins, jusqu'à ce jour. La tige de ce Lis est duvetée, presque cotonneuse; ses feuilles alternes sont oblongues-linéaires, pourvues d'un léger duvet, et les trois supérieures se rapprochent en verticille, à la base de l'inflorescence. Les fleurs ont les folioles de leur périanthe révolutées, lisses à leur face interne et simplement duvetées le long de leur sillon médian. Comme dans l'espèce précédente, les étamines sont plus courtes que le périanthe et plus longues que le pistil dans lequel l'ovaire obové est au plus aussi long que le style.—En 1857, la *Flore des serres* a publié une description et une figure coloriée (2e série, II, p. 19, pl. 1206) de ce même Lis; mais, comme le fait remarquer **M. J.-E. Planchon**, l'auteur de cette description, d'après un individu qui offrait quelques particularités distinctives relativement au type caractérisé par Lindley.

On rencontre assez souvent dans les jardins un magnifique Lis dont l'origine est fort obscure; c'est le Lis de Brown (*Lilium Brownii*). Son nom spécifique lui-même soulève certaines difficultés, car il n'est pas aisé de déterminer quel en est l'auteur. En effet, Spae, dans son Mémoire sur les Lis qui a été présenté a l'Académie des sciences de Bruxelles, le 5 juillet 1845, l'attribue à F.-E. Brown, horticulteur à Slough, près de Windsor, qui l'aurait inscrit sur son Catalogue, vers 1838 ou 1839. D'après Spae encore, ce même nom aurait été reproduit par Miellez, dans le

Catalogue de l'Exposition tenue par la Société d'Horticulture de Lille, en juin 1841, puis dans un Catalogue de la Société royale d'Agriculture et de Botanique de Gand, à la date de juin 1843 (p. 42). Enfin Spae en a donné une description et une figure coloriée dans le 1er volume des *Annales de la Soc. roy. d'Agric. et de Botan. de Gand* (I, 1845, p. 437-438, pl. 41). L'antériorité semble donc appartenir au nom *Lilium Brownii* Brown, bien que la même année 1845, M. Ch. Lemaire ait également décrit et figuré cette plante, dans la *Flore des serres* (I, 1845, p. 110 et suiv., avec pl. color. sans n°). Quant à la patrie de cette belle espèce, M. Ch. Lemaire dit, dans son article à ce sujet : « Origine et dénomination spécifique contestées, » et Spae écrit : « patrie inconnue. Siebold la croit du Népaul et aussi de Chine et Japon ». Toutefois, comme M. Max Leichtlin m'écrivait dernièrement que la plante est d'origine chinoise, son autorité capitale, à mes yeux, en pareille matière, me détermine à admettre ici ce Lis comme chinois (très-probablement aussi japonais, mais non indien).

Quoi qu'il en soit à cet égard, le *L. Brownii* est une magnifique plante qu'on a souvent regardée comme le problématique *Lilium japonicum*, fort mal caractérisé par Thunberg. Le Catalogue de Siebold pour 1870-1871 l'indique (p. 51) sous le nom de *L. japonicum* Thunb., var. *Brownii*. Néanmoins comme j'en ai eu plusieurs pieds, puisés à des sources différentes, qui m'ont tous offert les mêmes caractères, je crois qu'on doit l'admettre à titre d'espèce distincte et bien caractérisée. Sa tige haute d'environ 0m80, assez épaisse, arrondie et glabre, paraît brune dans le bas à cause du grand nombre de petites lignes brun-rouge qui sont tracées sur son fond vert; celui-ci se dégage de plus en plus et reste à peu près seul apparent dans le haut. Ses feuilles lancéolées-linéaires, aiguës au sommet, sensiblement rétrécies à la base, nombreuses, alternes et réparties assez également sur la tige, marquées de 5-7 nervures en dessous, faiblement canaliculées en dessus, très-étalées, offrent, à leur base même, une callosité transversale, proéminente; très-petites et bientôt desséchées dans le bas de la tige, elles vont s'allongeant graduellement jusqu'aux 3 ou 4 supérieures qui, rapprochées, forment un faux-verticille à la naissance du pédoncule; celles-ci atteignent près de 0<sup>m</sup> 20 de longueur. La fleur généralement unique, est très-grande et fort belle, d'un blanc pur à l'intérieur et même à l'extérieur des 3 pétales qui ont seulement leur côte, très-proéminente, colorée en pourpre-brun; cette même teinte colore la face externe des sépales qui sont simplement bordés de blanc. J'ai toujours trouvé à cette fleur une odeur agréable, assez forte même, quoique M. Ch. Lemaire et M. J.-E. Planchon (*Fl. des ser.*, IX, p. 53) la disent, le premier complétement inodore, le second à peu près inodore. Cette fleur est campanulée-tubulée, à limbe bien ouvert et révoluté; les pétales en sont beaucoup plus larges que les sépales. Les étamines, sensiblement déclinées, à filet subulé, verdâtre, et à grande anthère brune, remplie de pollen brun-rouge, atteignent l'orifice de la fleur et sont dépassées notablement par le style très-décliné, vert, que termine un stigmate profondément trilobé, jaune-orangé.

La liste peu étendue des espèces de Lis qu'on peut regarder avec plus ou moins de raison comme chinoises se complète, du moins d'après les renseignements que je possède, par une fort jolie plante que M. E.-A. Carrière a décrite et figurée, en 1867, sous le nom de Lis faux-tigré, *Lilium pseudo-tigrinum* Carr. (*Rev. hortic.*, 1<sup>er</sup> novembre 1867, p. 411-412, avec fig. color.) Dans son article sur cette espèce nouvelle, M. Carrière dit qu'elle a été envoyée de Chine au Muséum d'Histoire naturelle; son énoncé à ce sujet est tellement précis qu'il semble ne laisser place à aucun doute relativement à l'origine chinoise de ce Lis; je ferai cependant observer que M. Max Leichtlin, dans une de ses lettres, le disait, j'ignore d'après quelles données, indigène des îles Liu-Kiu, archipel dépendant du Japon et qui se trouve au sud de cet empire, entre 24 et 28 degrés de latitude boréale. Quoi qu'il en soit à cet égard, le *Lilium pseudo-tigrinum* Carr. atteint jusqu'à un mètre de hauteur. Il ressemble, dans son ensemble et dans plusieurs de ses détails, au *Lilium tigrinum* Gawl., belle espèce commune au Japon, dont j'aurai à parler un peu plus loin; mais il en diffère nettement sous divers rapports. Sa tige arrondie est revêtue, surtout dans la jeunesse, de poils blancs appliqués contre elle. Ses feuilles alternes, nombreuses et fort rapprochées les unes des autres, sont linéaires, longues de 0<sup>m</sup> 10-0<sup>m</sup> 12 ou un peu plus, larges de 0<sup>m</sup> 006-0<sup>m</sup> 012, rétrécies en pointe presque à partir de leur base, en gouttière à la face supérieure qui est lustrée, relevées d'une côte très-proéminente à la face inférieure qui est glabre. Ses fleurs d'abord penchées, puis horizontales, distantes les unes des autres, terminant chacune un pédoncule muni d'une longue bractée, sont colorées en beau rouge mat, marquées intérieurement de points et macules brun foncé, relevées aussi à leur centre de papilles assez saillantes ; elles sont bien ouvertes et révolutées ; leur gros style roux, surmonté d'un stigmate épais, à trois lobes inégaux, dépasse fortement les étamines. Comparée à sa voisine, le *L. tigrinum*, cette espèce, dit **M.** Carrière, s'en distingue aisément par sa tige bien arrondie, non brune, mais verte et légèrement tigrée, qui ne produit pas de bulbilles à l'aisselle des feuilles, ainsi que par ses feuilles qui n'offrent qu'une nervure médiane et non 5-7 nervures, comme celle du Lis tigré. La plante est très-rustique. Encore fort peu répandue, elle n'est pas mentionnée par M. de Cannart d'Hamale, dans sa *Monographie historique et littéraire des Lis* (1), ouvrage d'un grand intérêt, qui vient de paraître, et qui m'a été gracieusement envoyé par son érudit et savant auteur, depuis l'impression du second fragment de ces Observations.

IV. *Japon.* — Les îles de l'extrême Orient asiatique qui, par leur réunion, forment l'empire du Japon, sont la terre privilégiée pour les Lis, le coin du globe où ce beau genre compte les plus nombreux et les plus brillants représentants. Il paraît cependant que cette merveilleuse richesse n'est pas toute spontanée, et que diverses espèces du genre dont il s'agit ici ont été importées au Japon soit de la Chine, soit surtout de la Gorée, presqu'île encore aujourd'hui inhospitalière pour les Européens ; c'est ce que prouve notamment le nom de *Koraï Juri* ou Lis de Gorée, l'une des dénominations par lesquelles les Japonais désignent le *Lilium speciosum* Thunb.

Longtemps fermé aux étrangers avec une rigueur inflexible, le Japon avait été à peine entrevu, jusqu'à ces dernières années, par un petit nombre de botanistes à qui des circonstances particulières avaient permis d'en étudier rapidement la Flore, grâce à une

---

(1) In-8° de 122 pages, Malines, 1870, chez J. Ryckmans-van-Deuren.

faveur toute spéciale d'un gouvernement ombrageux. Ainsi, à la fin du 17<sup>e</sup> siècle, Engelbert Kæmpfer dut à sa profession de médecin et à la reconnaissance qu'il sut inspirer par des services réels rendus en cette qualité, l'autorisation exceptionnelle de parcourir une partie de cette contrée, et, à son retour en Europe, il consigna les résultats de son exploration dans les cinq fascicules de ses *Amœnitates exoticæ*. Il avait même dessiné sur place un certain nombre de plantes japonaises dont les figures, réunies en 59 planches, ont été publiées longtemps après sa mort, en 1791, par Banks. Aux pages 870, 871 et 872 du 5<sup>e</sup> fascicule de son curieux ouvrage, il signale sous des noms japonais huit ou neuf Lis qu'on a déjà vus plus haut rapportés, pour la plupart, à des espèces nommées et décrites ultérieurement.

Le botaniste suédois Thunberg, ayant été attaché comme chirurgien à la Compagnie hollandaise du Japon, put en cette qualité explorer à son tour, en 1775 et en 1776, diverses parties de cet empire. J'ai déjà eu occasion d'énumérer les 7 espèces de Lis qu'il finit par reconnaître comme nouvelles, après avoir d'abord voulu n'y voir que des plantes déjà décrites par Linné. Il en avait même trouvé deux autres qu'il prit, l'une pour le Lis de Pompone et qui est devenue le *L. callosum* Zucc., l'autre pour le Lis bulbifère et dont Roemer et Schultes ont fait leur *L. Thunbergianum*.

Mais ce n'était là que le prélude des découvertes et surtout des importations de Lis japonais qui devaient être faites pendant le 19<sup>e</sup> siècle. En effet, depuis près de 50 ans, les acquisitions en plantes de ce beau genre se sont succédé en grand nombre, et aujourd'hui on peut dire que le Japon à lui seul égale presque, sous ce rapport, tous les autres pays réunis. Seulement il est bon de faire observer qu'à en juger par les noms spécifiques qui ont été publiés, on croirait cet archipel encore plus riche à cet égard qu'il ne l'est en réalité; car diverses plantes ont été regardées et nommées comme des espèces distinctes et séparées qui probablement ne résisteront pas à un examen attentif, basé sur des matériaux convenables; mais ce travail de critique rigoureuse serait au moins difficile en ce moment, et dès lors il est prudent de se borner à peu près à enregistrer les espèces qui ont été publiées en renvoyant à un avenir, qui peut n'être pas éloigné, le mérite de décider certaines questions maintenant pendantes et de lever des difficultés contre lesquelles il serait prématuré de s'exercer aujourd'hui.

Le voyageur qui sans contredit a le plus contribué à étendre le cercle de nos connaissances en fait de Lis japonais, qui surtout s'est attaché avec le plus de persévérance et de succès à introduire ces belles plantes en Europe, est le docteur Ph.-Fr. von Siebold, de Würzburg. Utilisant au profit de la science les relations que, seule entre tous les États de l'Europe, la Hollande avait su conserver avec le Japon, ce zélé botaniste-voyageur, né le 17 février 1796, commença, dès 1823, à s'occuper de la Flore de cet empire, comme médecin attaché à l'ambassade hollandaise. Le but qu'il se proposa surtout et qu'il n'a plus perdu de vue jusqu'à sa mort, ce fut d'y former des collections de plantes vivantes qu'il expédiait ensuite en Europe, soit à des jardins botaniques du royaume des Pays-Bas, soit plus tard à un établissement d'horticulture fondé par lui à Leide, en 1844, et qui est devenu un véritable jardin d'introduction de végétaux propres au Japon. Il avait créé, au Japon même, à Yédo, un jardin dans lequel il réunissait toutes les plantes vivantes du pays qui lui semblaient avoir de l'intérêt, et c'est de là qu'il faisait ensuite ses expéditions en Europe. Malheureusement ses essais d'importation de Lis nouveaux n'ont pas toujours obtenu le succès qu'ils auraient mérité : dans certains cas, la longueur du voyage a été funeste à des espèces précieuses et, dans d'autres circonstances, la culture a été impuissante pour en conserver d'autres d'un grand intérêt, qui dès lors n'ont guère fait que paraître momentanément.

Toutefois ses tentatives ont été renouvelées avec une telle persévérance que finalement elles ont presque toujours abouti à un résultat avantageux; et sa mort même n'a pas mis fin à ces louables efforts, puisque son établissement d'introduction lui survit et continue à suivre la voie qu'il avait tracée.

Siebold rentra en Europe au mois d'octobre 1830, après avoir tout organisé pour que, même en son absence, le Japon continuât à lui payer sans interruption le tribut de ses richesses végétales, et beaucoup plus tard, en 1859, âgé déjà de 63 ans, il ne craignit pas de faire un nouveau voyage dans ce pays lointain qui était devenu pour lui une seconde partie.

Le résultat scientifique le plus important des voyages du D* Siebold au Japon avait été de rassembler les éléments d'une Flore de cet empire. La rédaction de cet ouvrage, dont le plan avait été tracé très-largement et dans lequel de belles planches coloriées accompagnaient un texte descriptif aussi complet que possible, fut confiée à Zuccarini, botaniste allemand de grand mérite, dont la mort prématurée arrêta malheureusement cette publication avant que le second volume en fût terminé. Mais le *Flora japonica* ne signala et ne caractérisa qu'une seule espèce nouvelle de Lis, savoir; le *Lilium callosum* Zucc. (in SIEB. et Zucc. *Flora japon.*, I, 1835, p. 86, tab. 41), le Santan des Chinois, le *Fime-Juri*, c'est-à-dire Lis mignon des Japonais et de Kæmpfer (*Amœn. exot.*, fasc. 5, p. 871), que Thunberg avait pris pour le *L. pomponium* L. Siebold essaya d'apporter cette plante vivante en Europe; mais M. de Cannart d'Hamale dit que, comme le *L. maculatum* THUNB. et le *L. auratum* LINDL., elle périt pendant la traversée. Aujourd'hui il est douteux qu'elle existe en Europe, et on a vu (p. 6) que M. Leichtlin lui-même n'est pas sûr de l'identité de celle qu'il possède sous son nom. Cependant, dans un catalogue de l'établissement d'introduction de plantes du Japon de feu Ph.-Fr. von Siebold, à Leide, daté de juillet 1869, cette espèce est portée comme récemment introduite et mise en vente au prix de 40 fr. l'oignon, et elle se trouve maintenue aux mêmes conditions dans le catalogue général de cet établissement, pour 1870-71. Seulement il est peut-être permis de se demander si c'est bien le vrai *L. callosum* Zucc.; car ce dernier catalogue attribue au Lis appelé par lui *L. callosum* des fleurs « jaunes claires, » tandis que la description donnée par Zuccarini les indique comme d'un beau rouge-minium avec des points plus foncés (petala pulchre miniata et punctis saturatioribus adspersa).

Le *Lilium callosum* Zucc. croît naturellement au Japon, dans des parties montagneuses et peu boisées, à une altitude de 165 à 650$^m$, ce qui le fait nommer souvent, dans le pays, *Joma Juri* ou Lis des montagnes; il y est aussi cultivé dans les jardins où il devient plus grand et plus fort qu'à l'état spontané. Sa tige arrondie, droite et élancée, simple, glabre et unie, s'élève d'ordinaire à 0$^m$50, plus rarement à un mètre de hauteur; à sa base et au-dessus de l'oignon, elle porte beaucoup de radicelles très-rapprochées, et au-delà elle est marquée de nombreuses linéoles brunâtres, sur une longueur de $0^m04$-$0^m05$; ses feuilles presque dressées, linéaires-étroites et très-aiguës, sessiles, glabres, d'un vert gai, sont parcourues par 3-5 nervures longitudinales ; les 2 ou 3 inférieures sont espacées, tandis que, sur le milieu et vers le haut de la tige, elles se rapprochent beaucoup plus ; les supérieures deviennent de plus en plus courtes et finalement, passant aux bractées, les plus hautes forment à leur sommet un *renflement* obtus. Les fleurs de ce Lis sont petites pour le genre, un peu pendantes, disposées, au nombre de 6 à 10, en grappe terminale lâche, colorées en rouge-minium sur lequel tranchent des points épars rouge sombre ; chacune d'elles surmonte un pédoncule grêle, long de $0^m02$-$0^m03$, qui sort de l'aisselle de deux bractées inégales en longueur, linéaires, en général plus courtes que lui, s'épaississant à leur sommet en une sorte de callosité obtuse, de l'existence de laquelle a été tiré le nom spécifique. Le périanthe de ces fleurs est bien ouvert et révoluté, et ses 6 folioles sont linéaires, assez pointues, un peu en gouttière par dessus, carénées en dessous ; leurs étamines, à pollen orangé, sont plus courtes que le périanthe, plus longues, au contraire, que le pistil dans lequel le style est plus court que l'ovaire. Les bulbes du Lis calleux, comme celles du Lis tigré, servent d'aliment aux Japonais qui les mangent bouillies, rôties ou même confites.

Une jolie espèce dont on doit l'introduction à Siebold, qui successivement en a importé beaucoup de variétés, est celle à laquelle Roemer et Schultes (*Syst.*, VII, p. 415) ont donné le nom de Lis de Thunberg, *Lilium Thunbergianum*. Thunberg l'avait prise d'abord (*Fl. japon.*, p. 133) pour le *L. philadelphicum* L., et plus tard (*Trans. Linn. Soc.*, II, p. 333) il avait cru pouvoir l'assimiler au Lis bulbifère. Cependant Willdenow, tout en la laissant sous ce dernier nom, faisait observer qu'elle lui semblait différer de notre Lis bulbifère, et dans le grand ouvrage de Redouté sur les Liliacées (tab. 210), si on la trouve encore rattachée à celui-ci, c'est à titre de variété bien caractérisée. Le *Lilium Thunbergianum* ROEM. et SCHULT. est une plante haute de $0^m30$-$0^m60$. Sa tige simple, abondamment feuillée, ne produit pas de bulbilles

et se montre relevée dans sa longueur de lignes saillantes, sortes
de décurrences de la côte des feuilles, qui la rendent presque
anguleuse sur toute sa longueur; elle est plus ou moins velue
dans sa partie supérieure, mais je n'ai pas trouvé ce caractère
constant. Ses feuilles alternes sont lancéolées, graduellement
rétrécies en pointe au sommet, sessiles et assez larges à la base
qui embrasse environ un tiers de la tige; elles deviennent graduellement plus longues du bas vers le haut de la plante où
les 4-5 supérieures se rapprochent en un faux-verticille; elles
sont glabres, d'un joli vert lustré, planes, mais relevées en dessous d'une côte médiane proéminente. La tige de ce Lis se termine le plus souvent par une, quelquefois par deux, rarement
par trois fleurs dressées, grandes, campanulées, dont le pédoncule
porte parfois une bractée vers son milieu, et dont la couleur varie
de l'oranger vif à une couleur d'abricot très-délicate, avec plus
ou moins de ponctuations brun-noirâtre vers le centre; les folioles
du périanthe sont étalées ou un peu réfléchies en dehors à leur
extrémité, ovales-lancéolées, velues au sommet, rétrécies (surtout
les pétales) en onglet à la base, parcourues par un sillon médian
à bords duvetés. Les étamines, d'un tiers plus courtes que le
périanthe, ont le pollen orangé ou orangé-brunâtre, et égalent
à peu près en longueur le pistil dans lequel l'ovaire vert est deux
fois plus court que le style; celui-ci est coloré et trigone dans
toute son étendue (dans les fleurs fraîches que j'ai sous les yeux).

Siebold distinguait de nombreuses variétés du Lis de Thunberg, et le catalogue de son établissement pour 1870-1871, qui
vient d'être publié et qui par conséquent est bien postérieur à la
mort de ce célèbre voyageur-botaniste (Siebold est mort à Würzburg, le 18 octobre 1866), n'en porte pas moins de 16, auxquelles
le catalogue de la collection de M. Leichtlin (voyez plus haut,
p. 9) en ajoute encore quatre (*cupreum, flore pleno, marmoratum
grandiflorum, scarlatinum* LEICHT.), en élevant ainsi le nombre à
20. Il est vrai que, parmi ces variétés, il en est sur lesquelles
Ch. Morren avait basé l'établissement d'une espèce distincte qu'il
avait nommée Lis brillant, *Lilium fulgens* (*Notice sur les Lis du
Japon*); ce sont celles que Siebold nommait *L. Thunbergianum
atrosanguineum* et *L. Thunb. atrosanguineum maculatum*. Ces

mêmes variétés sont presque habituellement désignées dans les jardins sous le nom de *Lilium atrosanguineum* et ce dernier nom est inscrit sur les catalogues de M. Van Houtte. Mais, après une comparaison attentive de ces diverses plantes et des caractères par lesquels on a voulu les distinguer spécifiquement, je crois qu'il n'y a pas lieu d'admettre comme une espèce à part le *L. fulgens* Ch. Morr., et qu'il faut revenir à l'opinion de Siebold, que paraît partager du reste M. K. Koch (*Wochensc.*, 1865, p. 99 (1). En effet, le port est le même ; les feuilles sont parfaitement semblables dans l'une et l'autre ; la villosité, outre qu'elle est toujours faible, locale et qu'elle varie beaucoup d'individu à individu, ne peut constituer une différence solide ; d'un autre côté, les fleurs ne fournissent aucun caractère réellement distinctif, et même les papilles ou caroncules qu'on remarque à la face interne du périanthe du *L. fulgens* ne font pas défaut dans le *L. Thunbergianum* le mieux caractérisé.

Quant au *Lilium venustum* (Hort. berol., 1811 ; Kunth, *Enum.*, IV, 1843, p. 265), autre plante introduite par Siebold et qui, déposée par lui avec quantité d'autres au jardin botanique de l'Université de Gand, y a fleuri dès l'année 1833, il est encore au moins bien voisin du *L. Thunbergianum*, si même, comme l'indique le catalogue Siebold pour 1870-1871, il n'en est pas une simple variété. Le port et les proportions sont les mêmes pour l'une et l'autre ; les feuilles en sont à peu près identiques, un peu plus longues peut-être et un peu plus étroites, souvent plus étalées dans le *L. venustum* ; les fleurs ont la même forme générale, la même ampleur de part et d'autre et se distinguent seulement, dans le *L. venustum*, parce que les folioles de leur périanthe sont moins larges, de couleur abricot-orangé uniforme et sans macules ; mais on voit, au total, que ces différences sont bien faibles pour autoriser une distinction spécifique. Je serais donc,

---

(1) « Wahrscheinlich ist *L. fulgens* Ch. Morr. nur eine Form des bei uns schon längst bekannten *L. Thunbergianum* Roem. et Schult. » K. Koch, l. c. (Il est vraisemblable que le *L. fulgens* Ch. Morr. n'est qu'une forme du *L. Thunbergianum* Roem. et Schult., connu depuis longtemps chez nous.)

pour ma part, disposé à suivre l'exemple donné dans le catalogue Siebold et à nommer ce Lis *Lilium Thunbergianum venustum*. Au reste, les trois plantes japonaises, toutes dues aux voyages de Siebold, dont il vient d'être question, ont offert à tous les liriographes des différences si peu tranchées que M. de Cannart d'Hamale lui-même, qui les admet comme spécifiquement distinctes, ne signale pas entre elles d'autres caractères distinctifs que « la hauteur de leur tige, la forme de leurs feuilles et le coloris de leurs fleurs » (*loc. cit.*, p. 83). On vient de voir que ces différences sont à peine prononcées, si même elles existent en réalité. Le même auteur, en voulant persister à voir trois espèces distinctes dans les trois plantes dont je viens de parler, a éprouvé de telles difficultés, pour rapporter à l'une ou à l'autre les nombreuses variétés qui existent aujourd'hui dans nos jardins, qu'il a dû y renoncer. « On dirait, écrit-il (p. 85), que la nature s'est plu à torturer la sagacité des botanistes et qu'elle a voulu donner un défi à la science, en lui offrant un amalgame de formes et de couleurs qui, pour se rapporter aux trois types cités, ne se rapporte en réalité à aucun. » Ne sont-ce pas plutôt les botanistes qui ont torturé la nature en s'obstinant à distinguer trois types spécifiques là où il n'en existe presque certainement qu'un seul?

Considéré comme il me semble devoir l'être, et tel qu'il était aux yeux de Siebold qui, l'ayant observé dans son pays natal et sous toutes ses formes, avait pu en relever et apprécier les caractères mieux que personne, le *L. Thunbergianum* Rœm. et Schult. offre dans les fleurs de ses nombreuses variétés, une grande diversité de couleurs, depuis le rouge pourpre foncé et d'une rare beauté (comme dans une plante que j'ai reçue de M. Krelage, d'Harlem, sous le nom de *L. Th. grandiflorum*), et l'écarlate vif (*L. Th. scarlatinum* Leichtl.), jusqu'à un jaune orangé clair et presque doré (*L. Th. aureum* et *aureum nigro-maculatum*). Je crois qu'il faut y rattacher comme synonyme le *L. aurantiacum* Paxt. (*Magaz. of Bot.*, VI, 1839, p. 127-128, tab. pict.). Dans les jardins on applique ordinairement ce nom de *L. aurantiacum* au *L. venustum*, c'est-à-dire au *L. Thunbergianum venustum*. — Il n'est pas inutile de faire observer à ce propos que cette même dénomination de *L. aurantiacum* et celle

de *L. aurantium* ont été données, comme le rappelle M. de Cannart d'Hamale (*l. c.*, p. 56), la première par Dumont de Courset,
la seconde par Loudon, au *L. croceum* CHAIX.

Le *L. Thunbergianum* a encore quelques synonymes qu'il est
bon de ne point passer sous silence. Tel est, d'après M. de Cannart d'Hamale (l. c., p. 84), le *L. formosum* A. VERCH. (*Illust.
hort.*, 1865, pl. 459; *Catal.*, nº 78, 1866); tel est aussi, comme
l'avait dit Ch. Morren (*Ann. Soc. Agr. et Bot. de Gand*, II, p. 112-
113), le *L. sanguineum* LINDL. (*Botan. Reg.*, 1846, pl. 50), au
sujet duquel Lindley lui-même écrivait : « On peut supposer que
c'est une variété du *L. Thunbergianum*, » bien qu'il le déclarât,
quelques lignes au-delà, plus voisin du *L. philadelphicum*, rapprochement peu facile à justifier.

Ce sont encore des variétés du *L. Thunbergianum* que les
plantes répandues dans le commerce par M. Grœnewegen,
d'Amsterdam, et M. Krelage, de Harlem, sous les noms japonais
de *Kikok*, *Kimi-Gago*, *Ja-Ethal*, *Sy-Yets*, *Fiu-Kwama*, *Feki-
nata*. M'étant procuré presque toutes ces plantes de chez M. Krelage, j'ai reconnu que les deux premières reviennent au *L. Thunbergianum aureum*, que la quatrième s'en rapproche beaucoup,
que la troisième est une variété à 2-3 grandes fleurs rouge-
orangé passant à l'orangé dans le milieu des folioles du périanthe, avec quelques macules ponctiformes rouge-brun, etc.

Une forme très-curieuse du Lis de Thunberg est celle qui a
été nommée par M. Ch. Lemaire *Lilium fulgens*, var. *staminosum*
(*Illust. hort.*, 1864, pl. 422). Cette plante a les fleurs orangé-
rouge, marquées intérieurement de points oblongs brun-noir, et
plus ou moins semi-doubles par transformation, en général
incomplète, des étamines en pétales. Dans deux fleurs que j'en
ai observées fraîches (les bulbes m'avaient été envoyés par
M. Victor Lemoine, horticulteur à Nancy), les trois étamines externes s'étaient seules pétalisées et, fait remarquable! bien qu'elles
se fussent développées chacune en deux sortes de grandes loges
corollines accolées à une lame médiane connective et largement
ouvertes au côté externe, dans toute leur longueur, qu'elles eus-
sent pris dès lors toute l'apparence d'une anthère pétalisée, mais
conservant sa conformation essentielle assez peu altérée, elles

supportaient chacune une anthère non transformée. Au reste, la fleur de cette plante ne gagne guère en élégance à cette monstruosité, et on peut voir, sur la liste de M. Leichtlin, qu'il existe, dans cette même espèce, une variété à fleur pleine (*L. Th. flore pleno*) qui est beaucoup plus double et plus belle que celle dont il s'agit ici.

D'après Siebold, les oignons du *L. Thunbergianum* sont au nombre de ceux qu'on mange le plus habituellement au Japon.

L'un des Lis les plus gracieux que Siebold ait introduits du Japon en Europe est celui qui a reçu le nom de Lis remarquable, *Lilium eximium* Court. (*Magas. d'Hortic.*, n° 300. — *Fl. des ser.*, III, 1847, pl. 283-284). Rapporté par ce voyageur en 1830, il fut déposé par lui, avec les autres fruits de ses explorations, au Jardin botanique de Gand ; mais il paraît que les mesures administratives qui, selon Ch. Morren (1), du 16 décembre 1830 jusqu'à l'année 1835, eurent pour effet de « bouleverser en Belgique tout le haut enseignement... et de faire tomber les institutions scientifiques, les académies, les universités, les jardins botaniques, etc., » eurent de fâcheuses conséquences pour le précieux dépôt de Lis japonais. Plusieurs de ces plantes furent perdues par cette cause ou par toute autre, et le *L. eximium* fut sans doute de ce nombre, car, en 1840, Siebold dut le tirer de nouveau de son pays natal, l'archipel de Liu-Kiu.

Le *L. eximium* Court. a le port, à fort peu près aussi le feuillage, la taille, et pour la fleur, la blancheur parfaite en dedans, faiblement verdâtre en dehors du *L. longiflorum* Thunb.; aussi était-il regardé par Siebold comme une simple variété de cette espèce, sous le nom de *L. longiflorum Liu-Kiu*; cependant un examen attentif fait reconnaître entre ces deux Lis des différences, peut-être suffisantes pour caractériser une espèce. Pour faire ressortir ces différences, je crois devoir reproduire les détails que j'avais remarqués en 1861 et décrits dans une note ajoutée, au bas de la page, au procès-verbal d'une séance de la Société impériale et centrale d'Horticulture (voyez le *Journal de la Soc. imp. et centr. d'Hortic.*, VII, 1861, p. 459-460). Cette note renferme les

---

(1) Ch. Morren, *Histoire littéraire et scientifique des Tulipes, Jacinthes, Narcisses, Lis et Fritillaires* ; broch. in-18 anglais de IV et 68 pages. Bruxelles, 1842; chez Muquart.

résultats de la comparaison entre les *Lilium eximium* COURT., *L. longiflorum* THUNB. et *L. longifl. Takesima*, très-belle variété apportée du Japon par Siebold et nommée, dans les catalogues de son établissement qui ont été publiés après sa mort, *L. japonicum purpureo-vittatum*. Cette dernière plante a été signalée, en 1855, par Siebold et de Vriese sous le nom de *Lilium Jama-Juri* SIEB. et VR. (*Tuinb. Flora*, I, 1855, p. 319-320, avec pl. color.). La note dont il s'agit a été rédigée d'après l'examen de trois pieds fleuris, venus à côté les uns des autres dans la même planche du jardin de M. Truffaut, horticulteur à Versailles, qui, pendant plusieurs années, s'est attaché avec soin à la culture et à l'étude des Lis dont il avait formé une collection intéressante.

« Ces magnifiques fleurs peuvent d'abord être divisées, aupremier coup d'œil, d'après l'angle que fait leur fleur avec la tige qu'elle surmonte : celui du *L. eximium* fait un angle droit avec la tige ou le pédoncule, tandis que celle des deux autres se relève obliquement de manière à faire un angle obtus, un peu plus ouvert encore dans le *L. longiflorum* que dans le *L. long. Takesima*. La teinte violacée qu'offre extérieurement la fleur de ce dernier le distingue nettement ; seulement il est bon de faire observer que cette teinte, bien prononcée sur le bouton et sur la fleur qui vient de s'épanouir, s'affaiblit dans la suite sur les parties frappées par le soleil ;... ce glacis violet se prolonge sur toute la longueur de la forte saillie médiane qui constitue comme la côte de chaque division du périanthe. La fleur des *L. longiflorum* et *eximium* est uniformément blanche à l'extérieur. La forme générale du périanthe fournit un caractère pour la distinction des trois plantes. Celui du *L. long. Takesima* forme un tube en cône renversé, à base large, et ses trois divisions sont peu rejetées en dehors, surtout les 3 intérieures qui étalent à peine leur sommet ; le haut de ce tube est sensiblement renflé au niveau où commencent les lobes ; par suite de cette disposition, la fleur est médiocrement ouverte. La fleur du *L. longiflorum* va en s'élargissant régulièrement à partir de sa base ; elle est plus ouverte que la précédente, en même temps qu'elle est plus courte, et ses six divisions (folioles) sont plus fortement rejetées en dehors ; les 3 extérieures sont même sensiblement révolutées. Dans le *L. eximium* le tube formé par la fleur va beaucoup moins en s'élargissant à partir de sa base, de manière à rester plus étroit ; l'ouverture de la fleur est nettement oblique vers le haut et ses 6 divisions, plus longues et plus étroites, plus minces aussi, sont tout à fait roulées en dehors.

» Les dimensions de ces fleurs peuvent servir encore à les caractériser.

» La fleur du *L. long. Takesima* est longue de 0,165 et, sur cette longueur, je trouve 0^m095 de la base jusqu'à la naissance des lobes. Celle du *L. longiflorum* (appartenant à la variété nommée *grandiflorum* et dès lors plus grande que dans le type) a seulement 0^m140 de longueur totale et la moitié de cette longueur (ou 0^m070) s'étend de sa base à la naissance de ses lobes ; cependant, d'un bout à l'autre de ses lobes opposés, son diamètre est sensiblement plus étendu que dans le *L. long. Takesima.* Enfin la fleur du *L. eximium* a 0^m180 de longueur totale, sur laquelle il y a 0^m100 de sa base jusqu'à la naissance de ses lobes.

» M. Ch. Lemaire a fait observer (*Fl. des ser.*, III, pl. 283-284) que les filets des étamines sont inégaux en longueur dans le *L. eximium*, tandis qu'ils sont égaux entre eux dans le *L. longiflorum.* J'ajouterai que le *L. long. Takesima* les a égaux entre eux comme ce dernier.

» En résumé, le *L. eximium* est caractérisé par sa fleur horizontale, la plus longue des trois, à tube étroit et peu élargi vers le haut, à limbe large et oblique, formé de lobes oblongs, roulés en dehors, à filets inégaux. Le *L. longiflorum* a la fleur oblique sur la hampe et presque dressée, la plus courte et la plus largement ouverte des trois, à lobes larges, les trois externes sensiblement roulés en dehors ; le *L. long. Takesima* a la fleur oblique sur sa hampe (mais un peu moins que la précédente), intermédiaire en longueur absolue aux deux premières et la moins ouverte des trois, visiblement renflée à la gorge, plus ou moins lavée de violet en dehors, à lobes larges, simplement étalés au sommet.

» Quant à la tige et aux feuilles, les différences qu'elles offrent sont si légères qu'il me semble difficile d'en faire usage utilement ; cependant les feuilles du *L. longiflorum* sont plus larges, plus courtes, plus épaisses et plus charnues que celles des deux autres, et celles du *L. long. Takesima* sont plus longues et plus étroites, à peu près constamment trinervées.

» Il me semble que le *L. eximium* est une espèce bien caractérisée (1). Je serais beaucoup moins affirmatif pour les deux autres plantes ; on peut admettre qu'elles appartiennent à une seule et unique espèce, comme deux variétés bien tranchées. »

J'ajouterai que la fleur du *L. eximium* a une odeur suave et très-forte, qui rappelle assez celle de la fleur d'oranger ; et que, d'après une note qui m'a été communiquée par M. Leichtlin, il se distingue de toutes les variétés du *L. longiflorum* par son port plus compacte, par ses feuilles plus courtes, plus sessiles, enfin généralement par la grandeur extraordinaire de ses fleurs qui atteignent jusqu'à 0<sup>m</sup> 20 de longueur et qui ont la blancheur de la neige.

Je m'étendrai moins sur trois autres Lis, importés encore du Japon par Siebold, mais dont un seul m'est connu par l'examen de la plante fraîche. Ce sont les suivants :

Sous le nom de *Lilium Coridion*, Siebold et de Vriese ont décrit et figuré (*Tuinbouw Flora*, 1855, 2<sup>e</sup> partie, p. 311, avec pl. col.) un Lis qui est encore fort peu répandu. Je le vois indiqué sur le catalogue de M. Laurentius, de Leipzig, avec la mention de *selten* (rare), et au prix de 8 thalers (30 fr. l'oignon), tandis que le catalogue de l'établissement Siebold le marquait, en 1867, 10-15 fr., et l'offre, cette année, à 5 fr. J'en ai reçu tout récemment (29 juin 1870) de M. Leichtlin une tige fleurie dont l'étude me permet d'ajouter quelques détails à ceux que renferment la description et la figure originales.

Le Lis Coridion (*L. Coridion* Sieb. et Vr.) est une plante haute seulement d'environ 0<sup>m</sup> 33, dont la tige simple, grêle, assez roide, unie et glabre, est assez abondamment feuillée pour que j'y aie compté 30 feuilles sur une longueur de 0<sup>m</sup> 30. Ses feuilles sont toutes éparses, uniformément réparties, linéaires-lancéolées, aiguës au sommet, sessiles, relevées en dessous de trois nervures en saillie lisse et lustrée, dont les intervalles sont très-finement pointillés ; elles sont d'un vert gai, un peu blanchâtres en dessous, presque dressées, et, du bas vers le haut de la plante, elles vont

---

(1) Mon affirmation serait bien moins nette aujourd'hui.

en s'élargissant en même temps qu'elles se raccourcissent quelque peu ; ainsi celles du bas de la tige mesurant 0^m 060 sur 0^m 005 de largeur, j'ai trouvé aux supérieures 0^m 050 sur 0^m 009. La fleur est terminale, solitaire, dressée, inodore, de couleur jaune un peu orangée en dedans, plus pâle au centre et en dehors, avec des ponctuations allongées, de couleur brun-orangé foncé, rangées en files longitudinales, plus ou moins proéminentes, qui ne s'étendent ni au centre ni à la moitié supérieure de la fleur ; les sépales et pétales sont également lancéolés, pointus au sommet qui est velu et comme capuchonné par l'inflexion des bords, relevés en dehors et sur toute leur longueur d'une côte proéminente à laquelle répond intérieurement un sillon fermé dans le bas par le rapprochement de ses bords en saillie et duvetés. La fleur que j'ai vue, au lieu d'avoir l'aspect flasque et irrégulier que lui donne la figure du *Tuinbouw-Flora*, était campanulée, à limbe ouvert mais non révoluté, à tube assez court, large et dilaté peu à peu dès sa base qui était verdâtre ; elle était aussi un peu plus petite que ne le porte la description originale ; celle-ci indique : pour les pétales, 0^m 04 de longueur sur 0^m 01 de largeur ; pour les sépales la même longueur et un peu moins de largeur ; j'ai trouvé 0^m 03 sur 0^m 08 pour les premiers qui sont un peu concaves, 0^m 037 sur 0^m 008 pour les derniers qui sont plans. Les étamines dressées sont presque de moitié plus courtes que le périanthe, et leurs anthères oblongues, grandes proportionnellement, renferment beaucoup de pollen jaune-orangé. Le pistil égale en longueur les étamines ou les dépasse un peu ; son ovaire vert, prismatique à 3 pans, à 6 sillons, et terminé par 6 mamelons arrondis, est deux fois plus long que le style qui est jaune, trigone dès sa base, épaissi dans le haut et surmonté d'un stigmate de la même couleur, profondément trilobé. — Ainsi, tige peu élevée, grêle, lisse, chargée de feuilles nombreuses, éparses, étroites, aiguës, trinervées ; fleur jaune-orangé peu ponctuée, dressée, campanulée, au plus moyenne, à folioles lancéolées, aiguës, velues au sommet et planes ou presque planes, beaucoup plus longues que le pistil dont le style est court et à trois angles ; tels sont les caractères essentiellement distinctifs de cette gracieuse espèce japonaise, qu'on ne peut évidemment comparer, pour les proportions et l'éclat, à la plupart de ses congénères, mais qui, bleu que plus modeste, n'en mérite pas moins d'occuper une place distinguée dans les collections. Les Japonais nomment ce Lis *Ki-Fime-Juri*.

Le nom du Lis des vierges, *Lilium Partheneion* Sieb. et Va. (*Tuinbouw-Flora*, 1855, 2e partie, p. 311, avec planc. color.), n'est que la traduction de la dénomination japonaise (*Akasim-Juri*) de cette plante. L'espèce est encore fort rare et d'introduction toute récente, car elle manque sur le Catalogue pour 1867 de l'établissement Siebold, et je ne la vois que sur celui de cette année, offerte au prix de 30 fr. Ce n'est certainement qu'une variété du Lis précédent, à fleur plus petite, et un peu autrement colorée. Du reste le port, la tige et les feuilles en sont semblables à ceux du Lis Coridion ; la fleur est également solitaire et terminale, très-ouverte, avec les folioles de son périanthe lancéolées, aiguës, les 3 externes ou les sépales un peu plus étroites que les 3 internes ou les pétales. D'après la description, les sépales sont verts au milieu, orangés en dehors, orangés et maculés en dedans, tandis que les pétales sont rouges avec la nervure médiane verte en dehors, maculés çà et là de rouge sombre à l'intérieur ; d'un autre côté, la planche montre ces fleurs à fond jaune, variées d'un rouge-orangé un peu brunâtre qui forme surtout une bande médiane et deux marginales sur chaque pièce du périanthe. Les sépales sont longs de 0ᵐ 025, larges de 0ᵐ 003, et les pétales sont longs de 0ᵐ 03, larges de 0ᵐ 01. Les étamines sont deux fois plus courtes que le périanthe ; le style, peu épaissi vers le haut, est décrit comme très-court.

Enfin le *Lilium alternans* Sieb. est l'importation la plus récente du docteur Siebold. Il n'est pas encore porté sur le Catalogue de l'établissement de Leide pour 1867 ; mais je le vois sur celui qui porte la date de juillet 1869, simple supplément au Catalogue général, destiné à signaler presque uniquement la collection des Lis japonais. Le nom de cette plante y est accompagné d'une note succincte qui en donne une idée fort incomplète, et qui néanmoins renferme tous les renseignements que je possède à ce sujet. Cette note est reproduite dans les catalogues plus récents du même établissement. On y voit que le *L. alternans* Sieb. appartient à la « section » du *L. Thunbergianum*, c'est-à-dire qu'il doit avoir la

fleur dressée, non révolutée, et une tige à feuilles nombreuses, linéaires, lancéolées ; que sa tige s'élève à 0^m 50 ; que ses feuilles sont
très-longues et compactes ; qu'il fleurit à la mi-juillet, lorsque
déjà toutes les variétés du *L. Thunbergianum* sont passées ; qu'une
seule tige florifère porte une quinzaine de fleurs dans lesquelles
le périanthe est coloré en orangé foncé, nuancé de taches jaunâtres et de stries brunes vers la base de ses folioles. Quant aux
caractères qui permettraient de reconnaître si c'est là une espèce
légitime ou une simple variété d'une espèce déjà connue, la note
n'en indique absolument aucun.

Pour terminer l'énumération des nombreuses espèces et variétés
de Lis que Siebold a introduites en Europe, je rappellerai ce que
j'ai déjà eu occasion de dire plus haut, qu'on lui doit encore une
fort jolie plante qu'il a importée en 1856, qui se trouve portée sur
ses catalogues sous le nom de *Lilium puniceum* SIEB. et VR., et qui
est mentionnée dans les *Annales d'Horticulture et de Botanique ou
Flore du royaume des Pays-Bas* (1861, p. 23), comme ayant été
cédée par lui à MM. E.-H. Krelage et fils, horticulteurs à Harlem.
Ayant eu ce Lis de chez MM. Krelage, par conséquent puisé à une
source sûre, et l'ayant vu fleurir en mai 1866, j'ai reconnu son
identité spécifique avec le *L. tenuifolium* FISCH. De son côté,
M. Leitchlin a bien voulu m'en transmettre, cette année, une fleur et
des feuilles fraîches, comparativement avec une fleur et des feuilles
du *L. tenuifolium*. Ce nouvel examen a pleinement confirmé les
résultats du premier. Le *L. puniceum* SIEB. et VR. doit donc être
rayé de la liste des espèces du genre *Lilium* et rattaché comme
synonyme au *L. tenuifolium* dont il est uniquement, d'après
M. Leitchlin, une forme plus robuste, puisque sa tige peut atteindre 0^m 80 de hauteur, et plus abondamment florifère, car
elle peut donner jusqu'à une quinzaine de fleurs entièrement
semblables à celles du type de l'espèce. Cette plante commence à
fleurir dès le mois de mai.

Plusieurs années avant que Siebold commençât son exploration
du Japon, en 1804, un Anglais, le capitaine Kirckpatrick, avait
touché à ces îles et en avait rapporté des Lis nouveaux dont un
surtout, très-remarquable pour sa beauté, pour la facilité avec laquelle il fleurit, ainsi que pour sa rusticité à toute épreuve, nous

est resté définitivement acquis et s'est même répandu assez abondamment dans les jardins. Celui-ci est le Lis tigré, *Lilium tigrinum* Gawl. (1) (*Botanical Magaz.*, pl. 1237) qui, très-répandu au
Japon, est indiqué comme se trouvant aussi en Chine. De là on
lui donne souvent dans les jardins le nom de Lis de Chine ou *L. si-
nense.* Il faut rappeler encore que, dans le *Botanist's Repository*
d'Andrews, il est figuré (pl. 586) sous le nom de *L. speciosum*
qui appartient, on l'a vu plus haut, à une tout autre espèce. Dans
Kæmpfer il est nommé *Kentan* vulgo *Oni-Juri.*

Le *Lilium tigrinum* Gawl. est une forte plante qui atteint d'un
mètre jusqu'à près de 2 mètres de hauteur. Sa tige droite, forte,
arrondie, fortement striée ou même sillonnée dans sa longueur,
garnie de longs poils blancs presque laineux, est colorée en brun-
rougeâtre presque noir dans sa portion inférieure, et sa couleur
s'éclaircit ensuite vers le haut par mélange de vert en macules et
en lignes qui suivent les côtes saillantes; ses feuilles sont nombreuses, alternes, à peu près également réparties, lancéolées, sessiles par une base large, longuement rétrécies en pointe vers le
sommet, les inférieures plus petites, plus distantes, déjà sèches à
la floraison, les supérieures de plus en plus courtes et tout aussi
larges, toutes étalées et souvent retombantes vers leur extrémité,
faiblement canaliculées en dessus, à 5-7 nervures saillantes en
dessous où elles sont très-finement pointillées; à leur aisselle, vers
le haut de la tige, naissent, le plus souvent en abondance, des bulbilles noirâtres. Les fleurs du Lis tigré sont très-grandes et très-
belles, disposées en grappe terminale, simple ou composée, portées
chacune sur un long pédoncule velu qui naît à l'aisselle d'une
feuille florale et qui en porte une petite non loin de sa base; ces
pédoncules se recourbent fortement vers leur extrémité pour les
rendre pendantes (excepté dans la variété *L. tigr. erectum*). Ces
fleurs sont inodores, colorées en beau rouge-cinabre tirant un peu
sur l'orangé, toutes parsemées intérieurement de nombreuses ma-

---

(1) On sait que le botaniste anglais qui a décrit cette belle plante est
connu sous les trois noms de Gawler, Ker et Bellenden, et qu'il est cité
surtout sous les deux premiers de ces noms, dans les ouvrages de botanique.

cules ovales, brun-rouge foncé presque noir, et, vers le centre, de papilles ou caroncules très-proéminentes ; les pièces du périanthe sont révolutées, oblongues-lancéolées, rétrécies graduellement dans leur moitié supérieure, obtuses et velues au sommet, atténuées en large onglet à la base, chargées en dehors, avant l'épanouissement, de poils blancs qui tombent ensuite plus ou moins complétement ; les étamines, d'un tiers plus courtes que le périanthe, ont les filets rouge clair, divergents, et l'anthère oblongue, à pollen roux ; le pistil égale en longueur les étamines, et son style, assez grêle, peu épaissi dans le haut, également rouge clair, est trois fois plus long que l'ovaire qui est vert, creusé de 6 sillons. — Au total, les fortes proportions de ce beau Lis, sa tige brune, pourvue de longs poils et bulbillifère, abondamment feuillée ; ses feuilles sessiles, lancéolées, étalées ; ses fleurs grandes et plus ou moins nombreuses (jusqu'à une quinzaine), d'un rouge-cinabre un peu orangé, toutes maculées, révolutées et pendantes, le caractérisent parfaitement.

On possède aujourd'hui en Europe plusieurs variétés de cette espèce parmi lesquelles les plus remarquables sont sans contredit : 1° celle à fleurs dressées, *L. tigr. erectum*, qui montre mieux sa fleur que les autres ; 2° le *L. tigr. splendens* LEICHTL., plante plus robuste et plus florifère que le type, dans laquelle aussi les fleurs sont plus amples et de nuance plus vive ; 3° le *L. tigr. flore pleno*, dans lequel les fleurs, bien doubles, réunissent chacune de 12 à 20 sépales et pétales à fort peu près égaux entre eux ; ces fleurs sont d'un très-bel effet.

Un autre Lis apporté du Japon en Angleterre par le capitaine Kirckpatrick, en 1804, a été décrit et figuré dans la *Flore des serres* sous le nom de Lis odorant, *Lilium odorum* J.-E. PLANCH. (*Fl. des ser.*, IX, 1853-54, pl. 876-877, p. 53). « Mais, dit M. de Cannart d'Hamale (*l. c.*, p. 76), est-ce bien une espèce ? ou n'est-ce pas une simple variété ? ou même un synonyme ? C'est ce que nous n'oserions décider. » M. J.-E. Planchon, le créateur de cette espèce, affirme qu'elle diffère du *L. japonicum* THUNB., comme il s'en est assuré par l'examen d'échantillons authentiques de ce dernier venant de Thunberg lui-même ; mais il assure aussi que c'est la même plante que celle qui a été figurée dans le

*Botanical Cabinet* de Loddiges (pl. 438) sous le nom de *L. japo-nicum*, et que celle dont parle Spae, dans sa Monographie, sous ce même nom (nº 5). Voici comment ce botaniste distingué a caractérisé l'espèce établie par lui, espèce que je n'ai jamais vue, pour ma part, sur la légitimité de laquelle je n'ai par conséquent rien à dire, qui n'existe pas dans la collection de M. Leichtlin, et qui ne figure plus même, depuis au moins dix années, sur les catalogues publiés par M. Van Houtte, ce qui en rend l'existence en Europe au moins bien douteuse : « Glabre ; tige haute d'un pied et demi à deux pieds, uniflore ou très-rarement biflore, arrondie, dressée, feuillée ; feuilles éparses, étroitement lancéolées, rétrécies graduellement à leur base (mais non pétiolées), acuminées, aiguës, à 3-5 nervures ; fleur portée sur un pédoncule court et épais, terminale, penchée, campanulée-en-entonnoir, agréablement odorante ; folioles du périanthe obovales-oblongues (longues de 4-5 pouces), acuminées en pointe obtuse, étalées dans le haut, velues intérieurement vers leur base, glabres ailleurs, blanches et plus ou moins maculées ou lavées de violet en dehors ; anthères (après qu'elles ont versé leur pollen) ellipsoïdes, courtes, épaisses ; pollen jaune-brunâtre. » M. Van Houtte ajoute, de son côté, à cette description succincte que ce Lis atteint la taille du *L. longi-florum*, mais que les fleurs en sont plus grandes que dans celui-ci, teintées de lie de vin en dehors, avec les étamines chocolat, celles du *L. longiflorum* étant jaunes ; que ces fleurs sentent le cassis, celles du *L. longiflorum* étant inodores ; enfin que le *L. odorum* a les feuilles minces, bien moins consistantes que celles du *L. lon-giflorum*, et la bulbe plate, de couleur paille, à écailles frêles, très-cassantes. Il dit encore que le *L. odorum* a besoin d'abri pendant l'hiver et craint alors l'humidité.

Il est un Lis, certainement l'un des plus élégants du genre entier, auquel, en le faisant connaître et le décrivant, Lindley a assigné le Japon pour patrie, et dont cependant, même aujourd'hui, l'origine est fort douteuse et très-contestée ; c'est le Lis nankin, *Lilium testaceum* LINDL. (*Botan. Regist.*, 1842, *Miscell.*, nº 51 et 1844, pl. 11. — *Fl. des ser.*, I [1845], p. 92, pl. 39). Plusieurs horticulteurs et botanistes ont pensé ou qu'il est venu d'un autre pays que le Japon, ou que ce n'est qu'un simple hybride. Ainsi Spae,

dans sa Monographie du genre Lis (n° 41), disait d'abord : « Sa
grande analogie avec le *Lilium Szovitzianum* nous l'a fait croire
originaire de Russie. » Mais dans une note postérieure, qui accompagne le tirage à part de son mémoire, il renonce à sa première idée et dit qu'un examen attentif le lui fait considérer plutôt
comme un hybride issu du Lis blanc fécondé par le pollen du
*L. chalcedonicum* ; cette dernière opinion a eu quelques partisans.
D'autres ont avancé que c'était un hybride du Lis blanc et du
*L. croceum*, notamment M. Haage, horticulteur à Erfurt, qui, le premier, le trouva par hasard, nous apprend M. de Cannart d'Hamale
(*l. c.*, p. 105), dans un grand envoi de Martagons qu'il avait
reçu de Hollande, en 1836. Mais la nature hybride de cette plante
n'est appuyée sur aucun argument de valeur ; elle est même con-
tredite par ce fait que, bien que donnant des fruits et de bonnes
graines assez rarement, comme plusieurs de ses congénères et surtout comme le Lis blanc, elle en produit cependant, à ce point que
M. Van Houtte indique le semis de ses graines comme le premier
moyen de la multiplier. Quant à sa provenance russe, outre que
Spae lui-même n'a pas tardé à abandonner cette supposition,
M. le D^r. Ed. Regel, le savant directeur du jardin botanique de
Saint-Pétersbourg, qui connaît parfaitement la flore de la Russie,
indique sans hésiter (*Gartenf.*, IX [1862], p. 2-3) le Japon comme la
patrie du *L. testaceum*. Au total, il semble légitime de considérer
cette belle plante comme une espèce distincte, et il est très-pro-
bable qu'elle nous est venue du Japon.

Le Lis nankin, *L. testaceum* LINDL., est une grande plante qui
dépasse ordinairement un mètre et qui peut s'élever jusqu'à deux
mètres de hauteur ; de là lui viennent les noms de *L. excelsum* et
quelquefois *L. altissimum*, sous lesquels le désignent les jardiniers.
Il entre en végétation de très-bonne heure. Sa tige arrondie, lisse
et glabre, est rougeâtre foncé dans sa partie inférieure ; un peu
plus haut à cette teinte se mêle de plus en plus le vert qui colore
seul toute sa partie supérieure ; elle est abondamment feuillée dans
toute sa longueur. Ses feuilles alternes diminuent assez rapidement
de longueur du bas vers le haut de la plante, de manière à être petites,
serrées et presque dressées sur tout son tiers supérieur ; elles manquent entièrement sur environ 0^m 10 au-dessous de l'inflorescence ;

elles sont toutes sessiles par une base peu rétrécie, glabres et
un peu luisantes, mais munies d'une bordure de poils blancs,
courts, les inférieures oblongues-lancéolées, planes, les moyennes
lancéolées, largement ondulées, les supérieures presque ovales-lancéolées, acuminées, plus ou moins tordues sur elles-mêmes,
toutes marquées en dessous (sauf les petites du haut) de trois ou
cinq nervures saillantes qui s'effacent plus ou moins en approchant du sommet. Les fleurs de ce Lis forment, au nombre de
3 à 6, une ombelle accompagnée à sa base de bractées dont une se
trouve à la base et une autre à côté de chaque pédoncule; elles
sont grandes, pendantes en raison de la courbe décrite brusquement
par l'extrémité de leur long pédoncule, doucement et agréablement odorantes, de couleur nankin pâle en dehors, plus vive en
dedans où se montrent souvent, vers le centre, des points plus
intenses (qui parfois se voient à peine) et quelques papilles ou
caroncules, bien ouvertes, à tube court, longuement révolutées;
les sépales et les pétales sont de même longueur et largeur (0$^m$075
de long sur 0$^m$018-0$^m$019), tous glabres, mais les premiers sans
côte apparente en dehors, rétrécis au sommet en pointe mousse à
bords infléchis, un peu canaliculés, sans sillon médian, les derniers à côte visible surtout au dedans où elle est parcourue par
un léger sillon, arrondis et obtus au sommet, à bords rejetés en
dehors et largement ondulés. Les étamines, presque de moitié
plus courtes que le périanthe, ont le filet pâle, subulé, à peu près
droit, avec l'anthère oblongue et le pollen rouge-orangé; elles
sont un peu dépassées par le pistil qui est droit et dont le style
vert pâle, au moins deux fois plus long que l'ovaire, devient trigone et renflé sensiblement vers le stigmate qui est trilobé. — En
somme, le Lis nankin se reconnaît à sa haute taille; à sa tige
glabre et unie, brune dans le bas; à ses nombreuses feuilles
éparses, lancéolées, trinervées, décroissantes; à son ombelle de
fleurs nankin, pendantes, révolutées, glabres, dont le pollen est
rouge-orangé et dont le style est verdâtre, droit, un peu plus long
que les étamines.

Kunze a décrit sous le nom de *Lilium isabellinum* (*Botan. Zeitung*,
I, 1843, p. 609. — *Gartenflora*, XI, 1862, p. 2-3, pl. col. 349, fig. 3),
une variété de ce Lis à fleurs plus petites, de couleur isabelle claire et

à tige plus grêle, portant des feuilles plus espacées que dans le type.
M. Regel regarde comme vraisemblable (*loc. cit.*) que c'est là un
hybride du *Lilium testaceum* type et du Lis blanc. Avec M. K. Koch
(*Wochensc.*, 1866, p. 52), je crois que c'est une simple variété,
c'est-à-dire le *L. testaceum* LINDL. β *isabellinum*.

On doit encore à Lindley la description de deux lis Japonais
dont l'un, le *Lilium auratum*, peut certainement être rangé parmi
les plantes les plus belles dont les jardins de l'Europe se soient
jamais enrichis aux dépens des pays étrangers ; l'autre, qui m'est
entièrement inconnu, a été nommé par le célèbre botaniste anglais Lis de Fortune, *Lilium Fortunei* (LINDL., *Gardeners' Chronicle*,
1862, p. 212). L'introduction de cette dernière plante, en Angleterre est due à l'horticulteur-voyageur à qui elle a été dédiée. Elle
paraît être fort rare encore, car je ne l'ai vue mentionnée sur aucun catalogue, et M. Leichtlin lui-même ne la possède pas. Elle a
la tige haute de 0ᵐ50, des feuilles linéaires-étroites, alternes, et
une fleur solitaire, colorée en orangé-jaune, maculée de brun foncé,
à folioles onguiculées, bilamellées. M. K. Koch (*Wochensc.* V,
1862, p. 304) présume qu'elle est très-voisine du *L. pulchellum*
FISCH., si même elle n'est entièrement identique avec cette espèce, tandis que M. Lindley (qui en parlait d'après l'examen d'un
seul pied dont la fleur était déjà fanée) assure que, si ce n'était à
cause de la couleur de sa fleur, on pourrait la rapporter au *L. tenuifolium*, dont elle a le feuillage.

Quant au Lis à bande dorée, *Lilium auratum* LINDL. (*Garden.
Chronic.*, 1862, p. 614ₐ), il avait été observé et récolté, en 1861,
par Siebold qui le classait comme une variété du *L. speciosum*
THUNB., sous le nom de *L. speciosum imperiale*, et qui, la même
année, en avait expédié en Europe une certaine quantité d'oignons
dont un seul arriva en bon état. Mais, d'après le journal américain *Magazine of Horticulture* de Hovey (n° CCCXXXII, août 1862)
dès 1860, il aurait été introduit aux Etats-Unis par M. Gordon
Dexter. Il parut à une Exposition de la Société d'Horticulture du
Massachussets, exposé par M. F. Parkman, de Brooklyn, à qui il
valut un prix d'honneur, et, dans le compte rendu de cette Exposition, M. Hovey le nomma *Lilium Dexteri ;* ce nom dut être aban-
donné, parce que, au même moment, arriva aux Etats-Unis le

4

cahier du *Gardeners' Chronicle* dans lequel Lindley avait nommé la même plante *L. auratum* et en avait indiqué les caractères distinctifs, ce qui lui donnait l'antériorité de fait et de droit. A la même époque, M. John Gould Veitch en avait envoyé à la maison Veitch des bulbes desquelles provinrent les pieds sur lesquels Lindley nomma et caractérisa l'espèce. Enfin, peu de temps après, M. Rob. Fortune concourut, à son tour, à l'introduction de cette magnifique plante. Depuis ce petit nombre d'années, les importations de bulbes de *L. auratum* ont été si nombreuses et si considérables que son prix, d'abord très-élevé, est tombé au niveau de celui de beaucoup d'espèces très-répandues. C'est ainsi que M. V. Lemoine, de Nancy, m'a dit en avoir eu un fort lot, à Londres, à l'une des ventes publiques qui ont lieu chez M. Steven, au prix de 1 fr. l'oignon.

Le *L. auratum*, depuis sa publication première, a été figuré dans presque tous les journaux d'horticulture qui sont accompagnés de planches. (*The florist and Pomologist*, sept. 1862. — *Illust. hortic.*, oct. 1862, pl. 338. — *Botan. Magaz.*, oct. 1862, pl. 5338. — *Floral Magaz.*, nov. 1862, pl. 121. — *Flor. des ser.*, XV, 1862-63, pl. 1528-1531). Au Japon, M. John Gould Veitch l'a trouvé croissant naturellement dans l'intérieur, à une altitude assez grande pour que le froid y descende parfois, pendant l'hiver, jusqu'à — 8° et même — 10° cent. Là, la plante atteint 1 mètre à 1ᵐ 33 de hauteur, et sa tige se termine par 3, 4 ou même 5 fleurs; mais la culture en a obtenu, en Europe, des pieds qui s'élevaient jusqu'à deux mètres de hauteur et qui, sur plusieurs tiges sorties du même oignon, portaient un nombre presque incroyable de ces magnifiques fleurs qui surpassent en ampleur celles de toutes les autres espèces du genre.

La légitimité de l'espèce établie par Lindley pour cet admirable Lis a été contestée par quelques botanistes. On vient de voir que Siebold n'y voyait qu'une variété du *L. speciosum*. De son côté, M. K. Koch a pensé (*Wochensc.*, 1866, p. 51) que c'était un hybride du *L. speciosum* fécondé, il ne dit point par quelle espèce.

Mais la fixité des caractères principaux par lesquels elle se distingue et la facilité avec laquelle elle fructifie et donne de bonnes graines ne semblent guère permettre d'adopter l'une ou l'autre de ces deux manières de voir.

Quoi qu'il en soit à cet égard, le *L. auratum* LINDL. est une plante haute d'environ 1 mètre et pouvant s'élever jusqu'à 2 mètres. Sa tige arrondie, lisse et glabre, est grêle relativement à sa hauteur, ferme et roide, marquée de nombreuses linéoles rouge-brunâtre qui la couvrent presque entièrement à sa base, et qui plus haut disparaissent peu à peu, la laissant bientôt colorée en vert clair un peu glauque. Ses feuilles, toutes étalées horizontalement ou même arquées un peu retombantes, sont nombreuses, alternes, à peu près également réparties, oblongues-lancéolées, graduelle- ment rétrécies, dès leur milieu, et terminées en pointe émoussée, resserrées dans le bas en un court pétiole canaliculé qui offre de chaque côté de son insertion un faisceau de poils blancs, coton- neux; elles sont d'un vert clair, plus pâles en dessous, où elles offrent 3-5 nervures proéminentes qu'indiquent, en dessus, autant de sillons au fond desquels est une petite ligne saillante. Les fleurs sont, l'une terminale, les autres axillaires et portées chacune un peu obliquement au bout d'un pédoncule long de 7-9 centim., qui s'épaissit notablement vers son sommet et qui offre latéralement, à son tiers supérieur, une grande feuille florale semblable de forme aux feuilles caulinaires, mais plus longuement pétiolée. Sur un pied à 5 fleurs que j'ai sous les yeux, à la base du pédoncule ter- minal qui continue la tige, se trouvent deux feuilles opposées. Ces fleurs sont énormes, blanches avec une large bande médiane lisse, d'un jaune plus ou moins vif, et marquées de gros points bruns, épars, tous en saillie ; vers le centre, elles présentent des pa- pilles longues et grêles; leur forme générale est campanulée, bien ouverte et les folioles de leur périanthe sont révolutées supérieure- ment, ondulées sur les bords et ployées en profonde gouttière dans leur partie inférieure ; de face elles semblent un peu irrégulières, leurs cinq folioles supérieures étant rapprochées entre elles, et dès lors l'inférieure se trouvant presque isolée; ces folioles sont ployées en large gouttière, ovales-lancéolées, les sépales termi- nés en pointe ($0^m 13$ sur $0^m 035$), les pétales arrondis au sommet et plus larges ($0^m 13$ sur $0^m 045$), toutes à côte médiane proéminente au dehors. Les étamines, d'un tiers plus courtes que le périanthe, sont déclinées puis ascendantes, à filets subulés, pâles et à grosses anthères oblongues, avec pollen roux ; le pistil également décliné puis ascendant, dépasse notablement les étamines et offre un style grêle, pâle dans le bas, vert dans le haut où il se renfle un peu et devient trigone, quatre fois plus long que l'ovaire et terminé par un gros stigmate brunâtre, trilobé.

Cette magnifique espèce me semble suffisamment caractérisée, comparativement au *Lilium speciosum* Thunb., par ses feuilles plus étroites, plus longuement rétrécies en pointe, régulièrement nervées en dessous et sillonnées en dessus; surtout par ses fleurs beaucoup plus grandes, plus campanulées, à périanthe moins étalé, dont les folioles sont lisses sur leur large bande médiane, ployées en profonde gouttière dans le bas et tout autrement colorées.

On possède déjà plusieurs variétés du *Lilium auratum*, parmi lesquelles les plus remarquables sont le *L. aur. rubro-vittatum*, à bandes rouges et à grandes macules, le *L. aur. matchless* (W. Bull) ou sans macules, enfin le *L. aur. virginale* dont la fleur est toute blanche.

Tout à côté de cette belle espèce, si même il en est spécifiquement distinct, ce dont il semble permis de douter, vient se placer un très-beau Lis japonais que possède M. Krelage, horticulteur à Harlem (Hollande), à qui la propriété en a été cédée par la maison Vve J. van Leeuwen, de Rotterdam. Si je suis bien informé, c'est à l'automne de 1870 qu'il doit être mis en vente. Il a été décrit, en 1867, par le professeur W.-F.-R. Suringar, de Leide, qui l'a dédié à M. Witte, inspecteur du jardin botanique de cette ville, sous le nom de Lis de Witte, *Lilium Wittei* Suring. (dans *Wochenschrift für Gœrtnerei*, etc., n° 37 de 1867, p. 294-295). Il est très-voisin du *L. auratum*. C'est, dit M. Suringar, dans son article sur cette plante, une très-belle fleur, fort analogue au *L. auratum* Lindl., des mêmes forme et grandeur, ayant les folioles du périanthe de la même configuration, ornées de la même bande médiane jaune d'or, mais d'un blanc pur et sans macules, seulement lavées de pourpre çà et là sur la côte, du côté extérieur, de plus entièrement lisses à leur face interne, sans papilles ni poils. Une autre différence qui saute moins aux yeux, c'est que les folioles du périanthe, au-dessous de leur sommet, et sur leur côte mé-

diane, forment une sorte de mucron ou pointe verdâtre, qui a
0<sup>m</sup>002 de longueur sur les sépales, moins sur les pétales. Ces
fleurs ont une odeur très-agréable. Le *L. Wittei* SURING. a fleuri,
dès 1867, dans le Jardin botanique de Leide ; il a figuré à l'Exposition universelle d'Horticulture tenue à Saint-Pétersbourg, en
1869, où il avait été exposé par M. Krelage, en même temps qu'un
*L. auratum* à fleur entièrement blanche, qui, selon toute apparence, était le *L. aur. virginale*.

Je ne puis signaler qu'en peu de mots, faute de renseignements
suffisants, un Lis dont un seul échantillon avait été recueilli près
d'Hakodadi, dans l'île d'Iézo, la plus septentrionale des trois
grandes îles japonaises, et sous le 42° degré de latitude N., par
M. Ch. Wright, botaniste de l'expédition américaine pour l'exploration de la partie septentrionale de l'océan Pacifique. Cet
échantillon ne portait même qu'un bouton de fleur encore fermé.
Néanmoins M. Asa Gray a pu y reconnaître tous les caractères
distinctifs des Lis, et il en a donné une diagnose, en lui assi-
gnant le nom de *Lilium medeoloides* (ASA GRAY, *On the botany of
Japan*, dans le recueil des Mémoires de l'Académie américaine des
Arts et Sciences, nouvelle série, VI, 1857, p. 415). D'après cette
diagnose, la plante dont il s'agit est glabre dans toutes ses parties ;
sa tige parfaitement simple est dénudée sur une grande longueur,
à sa partie inférieure ; près de son sommet, elle porte plusieurs
feuilles rapprochées en faux-verticille, et elle se termine par un
pédoncule uniflore, muni supérieurement d'une bractée. La fleur
est petite, et les folioles de son périanthe sont oblongues, carénées
en dehors, nues en dedans, calleuses à leur sommet qui porte
des poils courts sur sa face interne (apice calloso intus barbulatis).
Les organes reproducteurs sont tout à fait ceux d'un Lis. Il ne me
semble pas impossible que l'unique individu sur lequel M. Asa
Gray a établi son espèce fût un pied maigre de *Lilium avenaceum* FISCH.

Pour compléter cette longue énumération des Lis qu'on a observés
dans le Japon jusqu'à ce jour, je dois y donner place à trois belles
espèces qui, quoique d'introduction toute récente et encore fort rares,
existent néanmoins dans la précieuse collection de M. Leichtlin,
ainsi que dans un petit nombre de jardins, et dont deux ont été

parfaitement décrites et figurées, tandis que la dernière est encore
inédite, du moins à ma connaissance. Je n'ai encore eu occasion
de voir aucune de ces plantes ; je me bornerai donc à reproduire,
à leur égard, les renseignements qui ont été publiés ou que j'ai
pu me procurer.

Le Lis de Leichtlin, *Lilium Leichtlini* D. Hook. (*Botan. Magaz.*, novem. 1867, pl. 5673. — *Illust. hort.*, XV, janv. 1868, pl.
540) est une belle espèce que M. J. Dalton Hooker a dédiée au
zélé et habile amateur de Lis de Carlsruhe. Il s'est trouvé accidentellement dans un lot considérable de bulbes de *L. auratum* qui
avait été envoyé du Japon à la maison Veitch, de Chelsea, près de
Londres. Il se rapproche du *L. tigrinum* pour la forme générale, pour
les proportions et pour les nombreuses mouchetures pourpres de ses
fleurs; mais la couleur de celles-ci est un beau jaune-citron. La
plante se distingue d'ailleurs par son port et par ses organes de végétation : en effet, sa tige arrondie et glabre, excepté aux points
d'insertion des feuilles, est élancée et s'élève jusqu'à un mètre de
hauteur. Ses feuilles alternes, sessiles, linéaires-lancéolées, aiguës
au sommet, sans nervures bien visibles, étalées et recourbées vers
le bas, sont assez espacées, longues, en moyenne, de 0m 08-0m 10,
larges de 0m008-0m009; elles sont un peu velues à leur base, de chaque
côté de leur point d'insertion. La fleur est généralement solitaire ;
mais il parait que la plante en produit quelquefois deux ou même
davantage ; elle est décrite comme penchée ou pendante, large
de 0m 10, révolutée, les folioles de son périanthe étant oblongues-lancéolées, obtuses, pourvues chacune, vers le bas, de deux crêtes
ou carènes duvetées. Ainsi le Lis de Leichtlin peut aisément être
reconnu à sa tige glabre et élancée, à ses feuilles assez espacées,
linéaires-lancéolées, aiguës, étalées et plus ou moins recourbées en
bas, à peu près sans nervures ; enfin à sa grande fleur solitaire,
jaune et toute chargée de gros points ovales, fort nombreux.

Le Lis de Maximowicz, *Lilium Maximowiczii* Regel (*Index
semin. horti Petrop.*, 1866, p. 26; *Gartenflora*, novembre 1868,
p. 322, pl. color. 596), a été introduit du Japon à Saint-Pétersbourg par le botaniste-voyageur M. de Maximowicz, aujourd'hui
l'un des directeurs scientifiques du jardin botanique de cette
capitale, à qui M. Regel l'a dédié. C'est une belle plante qui, par

l'ampleur, la forme générale et le coloris de ses fleurs, ressemble au
Lis tigré, mais qui, par son port et son feuillage, rappelle surtout
le *L. tenuifolium*. Il est glabre dans toutes ses parties. Sa tige arrondie, dressée, mais flexueuse, relativement grêle, toute garnie
de très-petites aspérités ou verrues qui la rendent un peu rude au
toucher, atteint 0^m 65 à 1^m de hauteur. Ses feuilles alternes,
nombreuses et rapprochées, très-étalées et fortement recourbées
vers le bas en grand arc ou presque en cercle, sont sessiles, linéaires, très-aiguës au sommet, fortement trinervées; elles mesurent
au plus 0^m 11-0^m 12 de longueur sur 0^m 007-0^m 008 de largeur. La
tige se termine, selon la force des pieds, par une ou plusieurs
grandes fleurs colorées en beau rouge-écarlate-orangé, marquées,
dans leur moitié inférieure, de points ovales, épais, pourpre-noir,
longuement pédonculées, pendantes; les folioles du périanthe sont
ovales-lancéolées, sessiles, ondulées et finalement tordues sur
elles-mêmes, révolutées, plus ou moins canaliculées, longues de
0^m 08 environ; parmi elles les pétales sont sensiblement plus
larges que les sépales. D'après la figure originale, les étamines,
plus courtes que le périanthe, sont très-divergentes et le pistil,
de même longueur qu'elles, a son style arqué, grêle en bas, notablement épaissi vers le haut, au moins deux fois plus long que
l'ovaire. — Cette plante supporte en pleine terre, sans en souffrir,
le rude climat de Saint-Pétersbourg.

La tige flexueuse et glabre de ce Lis; ses nombreuses feuilles
linéaires, très-aiguës, à 3 fortes nervures, et très-recourbées en
bas; enfin ses grandes et belles fleurs rouge-orangé, ponctuées
jusque vers leur milieu, pendantes et révolutées, à grandes folioles
ondulées et tordues, le caractérisent nettement.

Enfin, sous le nom de Lis de Wilson, *Lilium Wilsoni* Hort.,
se trouve aujourd'hui, dans de rares collections, une magnifique
plante japonaise dont je n'ai vu ni échantillon, ni même description ou figure. D'après ce que nous apprend M. K. Koch (*Wochenschrift*, n° 18 de 1870, p. 144), elle existait depuis peu d'années
chez M. Wilson, amateur anglais très-distingué, sous le nom de
*Lilium Thunbergianum pardinum*; mais elle n'a pas tardé à être
reconnue comme fort différente du *L. Thunbergianum*. En réunis-
sant des renseignements empruntés à la note de M. K. Koch et au

catalogue de M. Laurentius, ou communiqués par M. Leichtlin, dans une de ses lettres, je vois que le Lis de Wilson atteint un mètre ou 1ᵐ 33 de hauteur. Ses feuilles sont elliptiques. Il porte une ombelle irrégulière de très-grandes et très-belles fleurs, larges de 0ᵐ 13-0ᵐ 14, dressées, de la forme de celles du *L. bulbiferum*, c'est-à-dire campanulées, qui semblent réunir les coloris des *L. tigrinum* et *auratum*; en effet, leur couleur générale est un beau rouge-orangé (rouge-brique), selon M. Leichtlin, chargé de larges points brun-noirâtre en très-grand nombre, tandis que le milieu de chaque foliole du périanthe est occupé par une bande jaune d'or qui rappelle celle du *L. auratum*. Une forte plante, m'écrit M. Max Leichtlin, porte jusqu'à 20 fleurs. On voit donc que c'est l'un des plus beaux Lis que l'on connaisse aujourd'hui ; mais il est évident qu'il faudra l'observer avec soin sur le vivant pour reconnaître si c'est là une espèce distincte et séparée, ou si on doit le rattacher, pour un motif quelconque, à l'une des espèces légitimes qui sont déjà connues.

La difficulté est la même et plus grande encore pour le dernier des Lis japonais que j'aie à mentionner, fort belle plante qui a été publiée par l'*Illustration horticole* sous la dénomination de Lis à fleurs rouge-sang, *Lilium hæmatochroum* (hybrid.) Ch. Lem. (*Illustr. hort.*, XIV, janv. 1867, pl. 503). M. A. Verschaffelt l'avait reçu directement du Japon. M. Ch. Lemaire, l'auteur de l'article le concernant, le qualifie sans hésitation d'hybride, et déclare ne pouvoir reconnaître à quel type il doit être rapporté, au *L. bulbiferum* ou au *croceum*, au *Thunbergianum*, etc. De la description qu'il en trace il résulte que ce Lis est une plante haute de 0ᵐ 40-0ᵐ 50, dont la tige sillonnée porte des feuilles très-petites, sessiles, ovales-lancéolées, très- aiguës, et se termine par une fleur (ou mieux plusieurs) très-grande, puisqu'elle a 0ᵐ 17 de diamètre, colorée en rouge-sang noirâtre et dressée, campanulée, dans laquelle les pétales sont ponctués de noir, plus larges que les sépales qui sont ondulés et recourbés en dehors à leur extrémité : les pièces du périanthe sont terminées par une petite pointe et offrent un sillon médian papilleux à la base, qui se prolonge jusqu'au sommet. Les étamines ont leurs filets robustes, dressés, blancs dans leur moitié inférieure, violacés-noirâtres dans la supérieure, avec les anthères orangées ; quant au style, il est marqué de 6 sillons longitudinaux, « peu à peu dilaté, puis tronqué-fistuleux au sommet. » La plante s'est montrée rustique.

L'énumération précédente montre combien de richesses possède le Japon en espèces de Lis ; aucune contrée de la terre ne peut certainement entrer en parallèle, sous ce rapport, avec cet empire de l'extrême Orient ; et pourtant il faut encore ajouter à cette longue série les noms de quelques espèces qui, du continent asiatique, s'étendent jusque dans ces îles. C'est ainsi que M. Miquel, dans son catalogue récemment publié du Musée botanique de Leide (p. 106), ajoute aux espèces qui sont propres au Japon, le *Lilium avenaceum* Fisch. et le *L. spectabile* Link, que nous avons vus plus haut comme plantes essentiellement sibériennes, ainsi que le *L. concolor* Salisb., de la Chine. Que n'est-il donc pas permis d'attendre encore d'explorations étendues jusqu'aux points les plus reculés de ces riches contrées, lorsque les étrangers y jouiront de la faculté de les parcourir en tout sens, et de la sécurité nécessaire pour que ces excursions soient faites avec l'attention et le loisir convenables ?

V. *Indes orientales.* — Les Indes orientales sont médiocrement connues sous le rapport des espèces de Lis qui font partie de leur Flore, et l'horticulture est encore bien moins avancée pour elles que la botanique, relativement à ce beau genre. Une dizaine de ces plantes ont été décrites jusqu'à ce jour par les botanistes, du moins à ma connaissance, et, sur ce nombre, aucune ne se trouve tant soit peu fréquemment dans les jardins ; deux seulement s'y rencontrent parfois, le *Lilium giganteum* Wall. et le *L. Thomsonianum* Lindl. D'un autre côté, malgré tous les soins qu'il s'est donnés et bien que toutes les richesses du Jardin botanique de Kew aient été mises à sa disposition avec une généreuse bienveillance par le savant directeur de ce grand établissement, M. Leichtlin n'a pu en réunir que trois autres, savoir : les *Lilium polyphyllum* Royle, *tubiflorum* Wight et *Wallichianum* Roem. et Sch. ; enfin le reste des Lis indiens, sauf un peut-être, paraît n'être cultivé aujourd'hui nulle part en Europe.

Cependant des tentatives ont été faites, même en grand, pour l'importation de certaines de ces plantes ; mais elles ont échoué pour diverses causes, surtout peut-être parce qu'on n'avait pas une connaissance suffisante de leur mode spécial de végétation. Voici, en effet, ce que me communiquait M. Max Leichtlin, le 10 mars 1870, relativement à l'une des plus belles d'entre elles, le *L. neil-gherrense* R. WIGHT (qu'il faut se garder de confondre avec le *L. neilgerricum* CH. LEM.) : « Lorsque ce Lis, remarquable au plus haut degré par ses énormes fleurs blanches, entre en végétation, au lieu d'une tige dressée, il en produit une fort singulière en ce que, à peine dégagée du sommet de l'oignon, elle se coude à angle droit sur elle-même pour se coucher à la manière d'un rhizome horizontal et pour ne se redresser ensuite à son extrémité qu'après avoir acquis une assez grande longueur. « En Europe, ajoutait mon honorable correspondant, on a dû tenir ce Lis en pot, en raison de son origine indienne, et quand il a poussé, ses jeunes tiges, n'ayant pas de place pour se développer dans la direction horizontale, se sont cassées ; après quoi la plante est morte. C'est ainsi que, dans l'espace de deux années, cette espèce a été perdue en Europe, quoiqu'il en fût arrivé de l'Inde des quantités considérables de bulbes. »

Ce mode de développement premier de la tige paraît n'être pas absolument propre à la plante dont il vient d'être question ; tout au moins voit-on dans un autre Lis indien, voisin du précédent, le *L. Wallichianum* ROEM et SCH., un rhizome souterrain horizontal qui se redresse à son extrémité pour se continuer verticalement en tige dressée, feuillée et florifère. Voici ce que disait à ce sujet M. J. E. Planchon (*Fl. des ser.*, VI [1850-1851], p. 247) : « La portion souterraine et vivace de la tige de ce Lis
» représente un rhizome horizontal portant, tout du long, les
» bases bulbiformes des tiges des années précédentes, et que
» termine, en avant, la tige florifère de l'année. C'est le passage
» de la bulbe ordinaire des *Lilium* au rhizome horizontal d'un
» grand nombre de Monocotylédones (Joncées, Cypéracées, Typha-
» cées, etc.). » Il existe même, relativement au mode de végétation de cette espèce, une assez grande difficulté qui ne pourra être levée que par ceux qui, en possédant des pieds vivants, auront la faculté de les observer attentivement pendant quelques années de suite. En effet, Wallich, en décrivant et figurant le premier ce

beau Lis, sous le nom de *Lilium longiflorum* (*Tentamen flor. nepal.
illust.*, 2ᵉ livr. [1826], p. 40-44, pl. 29), lui a attribué un oignon
ovoïde, solitaire, formé d'écailles charnues, épaisses, en un mot,
analogue à celui de la généralité des Lis, en même temps qu'une
tige dressée, dont la base rampante, au moins aussi épaisse qu'une
plume de cygne, est couverte de petites écailles brunâtres, lancéolées, comme le serait celle d'une Fougère, et devient le point de départ de plusieurs tiges dressées, sans que, dans bien des cas, on
y remarque le moindre reste d'oignon (sæpe omni bulbi vestigio
orbata), mais en offrant de nombreux vestiges de vieilles tiges (but
marked with a number of vestiges of old stems). La figure publiée
par ce célèbre botaniste représente à la fois un oignon conforme
à la description qu'il en donne, mais dessiné isolément, et, à
côté, une de ces bases rampantes, c'est-à-dire un rhizome qui
porte les restes de 8 tiges anciennes, correspondant par conséquent
à huit années successives de végétation. Comment rattacher à cette
manière d'être de la tige florifère l'oignon qui se trouve dessiné
isolément à côté ? J'avoue que je l'ignore, à moins que l'oignon
ne corresponde au premier développement de la plante et que, le
rhizome s'étant formé ensuite, il n'en soit plus provenu que des
tiges à peine renflées à leur base où elles auraient été recou-
vertes seulement des très-petites écailles imbriquées qu'indiquent
à la fois la description et la figure. Une autre espèce indienne, le *Lilium tubiflorum* WIGHT, très-voisine du *L. Wallichianum*, offre plus
développé encore une sorte de rhizome horizontal, que j'ai vu, sur
certains échantillons secs, long d'environ 0ᵐ 15, portant des racines
fort nombreuses et très-serrées sur son tiers antérieur, de plus
en plus espacées vers sa portion postérieure qui est la plus ancienne. Je n'ai vu nulle part ni base persistante de tiges qui
auraient existé antérieurement, ni marque quelconque indiquant
où a pu se trouver un oignon, dont du reste Rob. Wight, créateur de
l'espèce, ne dit pas un seul mot. On voit donc qu'il y a là un
problème intéressant à résoudre par l'observation directe.

On verra plus loin, quand il s'agira des Lis de l'Amérique du
Nord et spécialement d'une magnifique espèce californienne, le
*Lilium Washingtonianum* KELLOGG, que là il existe aussi un
rhizome horizontal qui se comporte de diverses manières, mais

qui, dans l'espèce que je viens de nommer, reste chargé, sur
une assez grande longueur, d'écailles charnues dont la production
a été le résultat de la végétation de plusieurs années successives.

Il n'est peut-être pas inutile de faire observer que les figures
de l'oignon et du rhizome du *Lilium Wallichianum* qui ont été
données par Wallich (*loc. cit.*), ont été reproduites dans le *Botanical Magazine*, pl. 4561 (1851), et par la *Flore des serres* qui,
à son tour, a publié une reproduction de cette dernière planche
anglaise (*Fl. des ser.*, VI, 1850-1851, pl. double 612, p. 247).

Un fait général qui mérite d'être mis en relief, relativement
aux Lis indiens connus jusqu'à ce jour, c'est l'absence complète,
paraît-il, dans leurs fleurs, de l'orangé tirant plus ou moins vers
le rouge-minium, couleur qu'offrent au contraire beaucoup d'espèces de ce genre spontanées en Europe, au Japon et dans l'Amérique septentrionale. Chez eux, en effet, c'est le blanc qui domine,
le plus souvent pur, quelquefois un peu mélangé de rouge-pourpre en bandes longitudinales peu nombreuses. Cette dernière
teinte pâlie en rose colore entièrement la fleur d'une espèce
(*L. Thomsonianum* Lindl.); on la retrouve aussi occupant intérieurement la gorge et le tube de la fleur du beau *L. nepalense* Don,
qui est extérieurement d'un blanc jaunâtre. La couleur jaune, mais
assez pâle, analogue à celle de la cire, et sans mélange, appartient
à une autre espèce qui a été décrite et figurée par M. Ch. Lemaire,
dans *l'Illustration horticole*, sous le nom de *Lilium neilgerricum*.
J'ajouterai que la forme roulée en dehors du périanthe, qui caractérise la section des Martagons, est extrêmement rare dans l'Inde
où elle n'a été signalée encore que chez le *L. polyphyllum* Royle.
Toutefois, cette forme se trouve aussi dans un Lis découvert par
Jacquemont, probablement dans l'Himalaya, et dont l'herbier du
Muséum d'Histoire naturelle renferme des échantillons secs éti-
quetés par le célèbre et infortuné botaniste-voyageur *Lilium punctatum* N. La fleur de cette espèce inédite n'échappe point, par sa
coloration, à la loi générale que je viens d'indiquer; en effet, les
notes manuscrites de Jacquemont la dépeignent comme jaunâtre-
livide, ponctuée de pourpre et agréablement odorante (« perianthii
lobis reflexis, livide lutescentibus, purpureo-punctatis, suaveolentibus »).

Examinons maintenant les espèces du genre *Lilium* qui ont été trouvées dans l'Inde et décrites jusqu'à ce jour. Comme dans la partie précédente de ces Observations, je les rangerai, autant que possible, d'après l'époque à laquelle elles ont été signalées et d'après les botanistes à qui on en doit la connaissance.

La première découverte et la première publication d'une espèce indienne de Lis sont dues à Wallich. En 1820, ce célèbre botaniste danois, voyageant pour le compte et aux frais de la Compagnie des Indes, trouva dans l'Himalaya, au milieu des bois touffus et humides du mont Sheopore, la grande et belle espèce qu'il caractérisa et figura, quatre années plus tard, sous le nom de *Lis géant*, *Lilium giganteum* (WALLICH, *Tentam. flor. nepal. illustr.*, 1re liv., [1824], p. 21-22, pl. 12-13). Bien qu'elle ait été retrouvée ensuite sur divers points de la même chaîne par différents voyageurs, notamment par le baron Hügel, par MM. J.-D. Hooker et Thompson, elle n'a été introduite que vers 1847 par le major anglais Madden qui, à cette date, en envoya des graines à MM. Cunningham, horticulteurs d'Edimbourg, chez qui on en obtint la floraison, au mois de juillet 1851. M. Madden la dit fort commune dans les forêts humides et épaisses de l'Himalaya, où on la trouve végétant dans un sol fort riche en humus, à l'altitude de 2550 à 2850 mètres. « Là, dit le voyageur anglais, la neige séjourne ordinairement de septembre en avril, et cependant l'oignon est fort peu enterré. » Ces diverses circonstances expliquent pourquoi, bien qu'indien, ce Lis est presque rustique, peut même supporter la pleine terre sous une couverture, et pourquoi, comme l'a reconnu M. Rivière, on doit lui donner de fréquents arrosements pour reproduire autour de lui l'humidité de la terre natale.

Le Lis gigantesque, *Lilium giganteum* WALL., justifie par ses fortes proportions la dénomination spécifique qui lui a été donnée; il est, en effet, le plus grand des Lis connus, puisqu'on le voit atteindre et même dépasser quelquefois trois mètres de hauteur. D'un autre côté, ses grandes feuilles en cœur, longuement pétiolées, lui donnent un aspect particulier qu'il ne partage qu'avec le *L. cordifolium* THUNB. Aussi la section des Lis qu'Endlicher a formée (*Genera plant.*, p. 141) pour ces deux plantes est-elle la plus tranchée de toutes.

La tige du *L. giganteum* Wall. (*Botan. Magaz.*, 1852, pl. 4673.
—*Fl. des sér.*, VIII, p. 59. — *Jardin fleuriste*, IV, 1854, p. 409-
410, reproduction de la pl. du *Botan. Magaz.*, avec les fleurs
dessinées plus grandes, d'après un pied cultivé. — *L. cordifolium*
Don, *Prod. fl. nepal.* [1825], p. 52, n° 3, non Thunb.) s'élève de 1ᵐ 50
à 3 mètres ou même davantage; elle est arrondie, glabre comme toute
la plante, parfaitement lisse et verte, simple, grosse au point de
mesurer souvent 0ᵐ 04-0ᵐ 05 de diamètre à sa base, mais fistuleuse. Jusqu'au moment où la tige florifère va se développer, la
plante ne produit qu'une touffe de grandes feuilles radicales, longuement pétiolées, qui apparaissent de bonne heure ; puis, sur la
tige elle-même, les feuilles deviennent de moins en moins grandes
du bas vers le haut, en même temps que leur pétiole se raccourcit
de plus en plus pour disparaître entièrement dans les supérieures qui sont petites, elliptiques, oblongues, sessiles, longuement acuminées. Les feuilles du *L. giganteum* Wall. sont ovales,
presque arrondies, échancrées, en cœur à la base, de manière à
former deux grands lobes arrondis dont les bords internes en
regard divergent, acuminées au sommet, glabres, minces, tra-
versées par une grosse côte médiane et pourvues d'une nervure
marginale continue ; les caulinaires sont de moins en moins
échancrées à leur base, du bas vers le haut de la tige. Les inférieures ont en moyenne 0ᵐ 25 de long sur 0ᵐ 18 de large, et leur
gros pétiole, canaliculé en dessus, embrassant à sa base, est aussi
long que le limbe. La tige se termine par une grappe lâche, comprenant généralement huit ou dix (1) grandes fleurs penchées et
un peu pendantes, portées chacune sur un gros pédoncule court et
arqué, qu'accompagnent deux petites bractées linéaires, l'une basilaire, l'autre latérale ; ces fleurs, agréablement odorantes, sont
d'un blanc un peu verdâtre, varié de rouge-pourpre un peu bru-

---

(1) Le *Gardeners' Chronicle* (1862, p. 598) nous apprend que M. James
Muller jun. a eu un pied de cette espèce fleuri en pot, dont la tige, haute
de sept pieds six pouces anglais (2ᵐ 363) et mesurant 10 pouces (0ᵐ 263) de
tour, portait 18 fleurs. On a cité des exemples d'autres floraisons encore
plus belles : Ainsi M. Chauvière, à Pantin, a eu un pied de *L. giganteum* qui s'est élevé à 2ᵐ 70 de hauteur et qui a donné 32 fleurs.

nâtre qui forme une bande médiane sur le tiers moyen de la longueur des sépales et trois bandes parallèles ne se prolongeant ni
jusqu'à la base ni jusqu'au sommet sur les pétales ; dans leur ensemble, elles sont longuement tubulées-campanulées, à limbe plus
ou moins étalé : les sépales sont un peu plus longs que les pétales,
oblongs-linéaires, élargis supérieurement et presque spatulés, assez
pointus au sommet (0ᵐ 160 sur 0ᵐ 018) ; les pétales, avec une
forme générale analogue, sont plus fortement élargis vers le haut et
obtus (0ᵐ 154 sur 0ᵐ 024) ; étalés et plans supérieurement, ils se
ploient en gouttière de plus en plus étroite et creuse dans leur
moitié inférieure. Les étamines, à long filet subulé et à anthère
oblongue, proportionnellement petite, jaune ainsi que le pollen,
sont d'un quart plus courtes que le périanthe, inégales entre elles ;
le pistil, un peu plus long que les étamines, a l'ovaire vert, d'é-
paisseur uniforme dans toute sa longueur, surmonté d'un style
jaune pâle, grêle, à peine épaissi vers le haut et terminé par un
stigmate jaunâtre, trilobé, peu renflé.

La capsule du Lis gigantesque ne mûrit qu'en décembre et se
développe entièrement dressée, son gros pédoncule se redressant
après la floraison, malgré l'augmentation de jour en jour plus considérable du poids qu'il doit supporter. — Au reste, plusieurs espèces de Lis offrent dans leur pédoncule des changements successifs
de direction auxquels doivent nécessairement correspondre des
modifications en divers sens, s'effectuant l'une après l'autre dans
les tissus internes de leur pédoncule. Ces mouvements sont surtout frappants dans le *Lilium Brownii* Brown, dans lequel la
fleur est solitaire et terminale. Ici le bouton de fleur se montre d'abord parfaitement dressé. Dès qu'il a atteint trois ou
quatre centimètres de longueur, le pédoncule commence à se recourber au-dessous de lui, et la courbure en devient bientôt assez
forte pour que le bouton soit dirigé de haut en bas ; ce renversement
complet n'est pas dû à la flaccidité du tissu du pédoncule, car
celui-ci a toujours une rigidité remarquable. Plus tard le bouton
de fleur grossissant beaucoup et approchant de l'époque de son
épanouissement, le pédoncule diminue notablement sa courbure
et la fleur s'ouvre dirigée dans le sens horizontal. Enfin, après la
floraison, le redressement se continue sans relâche ; de telle sorte

que la capsule grossit et mûrit entièrement dressée. Ce fait du redressement des fruits des Lis me semble être général; du moins je n'en ai pas vu une seule exception jusqu'à ce jour.

La capsule du *L. giganteum* WALL. est grosse, obtuse, ovoïde-cylindracée; on la décrit comme ayant les valves relevées chacune d'une carène, et c'est ainsi que la représente la figure de Wallich; cependant, sur quelques pieds cultivés que j'ai vus en fructification, je n'y ai pas observé, avant la déhiscence, le moindre indice de carène.

En somme, le *Lilium giganteum* WALL. est caractérisé par sa haute taille; par sa grosse tige lisse et fistuleuse; par ses grandes feuilles ovales-arrondies, échancrées à la base en cœur à oreillettes divergentes, dont les supérieures beaucoup plus petites sont ovales-oblongues et sessiles; par sa grappe lâche, comprenant plusieurs fleurs tubulées-campanulées, à limbe étalé et accompagnées chacune de deux petites bractées linéaires. — La seule espèce à laquelle elle ressemble est le *L. cordifolium* THUNB., du Japon, dont la taille est notablement moindre, dont les feuilles sont plus allongées, à lobes basilaires plus ou moins convergents, toutes en cœur et pétiolées, à fleurs peu nombreuses, dressées ou peu penchées, sortant chacune de l'aisselle d'une grande bractée en gouttière, et dans lesquelles le périanthe tubulé est peu ouvert.

Une autre fort belle espèce de Lis indien avait été trouvée dans les épaisses forêts du même mont Sheopore par Wallich qui la méconnut et la prit pour le *Lilium longiflorum* THUNB., plante du Japon. C'est en effet sous ce nom qu'il la décrivit et la figura, en 1826, dans la 2ᵉ livraison de son *Tentamen floræ nepalensis illustratæ* (p. 40-41, pl. 29); mais plus tard, dans la seconde partie du volume VII de leur *Systema vegetabilium* (p. 1689), Roemer et Schultes la distinguèrent avec raison et lui donnèrent le nom de *Lilium Wallichianum.*

Le Lis de Wallich, *Lilium Wallichianum* ROEM. et SCHULT. (*loc. cit.* — PAXTON, *Flow. gard.*, I, p. 121, avec figure sur bois qui est reproduite dans LEMAIRE, *Jard. fleur.*, I, miscel., p. 54. — *Botan. Mag.*, 1851, pl. 4561, figure reprod. dans *Fl. des ser.*, VI, 1850-1851, p. 247, pl. 612, et dans *Jard. fleur.*, I, 1851, pl. double 105-106. — Non ROB. WIGHT, *Icon. plant. Ind. or.*, VI, pl. 2035),

est une grande plante qui dépasse un mètre de hauteur et peut
même s'élever jusqu'à deux mètres. Wallich en décrit et figure la
bulbe comme ovoïde, solitaire, longue de 0$^m$ 05-0$^m$ 08, formée
d'écailles charnues, épaisses, blanches, pointues, exactement appliquées les unes sur les autres. Sa tige dressée, simple, grêle
proportionnellement, lisse, de couleur pâle, est dénudée dans le bas,
par suite de la chute des feuilles, mais, au contraire, abondamment
feuillée plus haut; elle s'élève d'un rhizome souterrain horizontal,
dont il a été question plus haut. Ses feuilles, nombreuses et rapprochées, sont linéaires-lancéolées, sessiles, médiocrement rétrécies à la base, longuement atténuées en pointe et acuminées au
sommet, d'un vert clair et lustré en dessus, un peu glauques en
dessous où se montrent la côte proéminente et deux ou quatre nervures beaucoup moins prononcées; elles ont, en moyenne, 0$^m$ 12-
0$^m$ 15 de longueur sur 0$^m$ 01 ou moins en largeur; elles deviennent plus courtes et plus espacées vers le bas de la tige. Le port
de la plante diffère notablement, selon qu'elle porte 2-3 fleurs ou
une seule. Dans le premier état, que représente la planche de
Wallich (*Tentam.*, pl. 29), et qui est le plus fréquent (WALL.), la
tige reste abondamment feuillée jusqu'au sommet, et il existe un
faux-verticille de feuilles autour du point commun de naissance
des pédoncules; dans le second, que reproduit la planche 4561
du *Botanical Magazine*, les feuilles supérieures sont beaucoup
plus espacées et il n'en existe pas de faux-verticille au-dessous de
la fleur. Les fleurs sont blanches, très-grandes, longues de 0$^m$ 18
à 0$^m$ 23, agréablement odorantes, penchées un peu au-dessous de
l'horizontale, à l'extrémité d'un pédoncule assez court et muni,
à son tiers supérieur, d'une bractée linéaire-lancéolée; le périanthe
de ces fleurs forme d'abord un tube à trois angles, qui, à partir du
milieu de sa longueur, s'évase en large entonnoir pour passer à
un vaste limbe un peu oblique, entièrement étalé et recourbé fortement en dehors vers l'extrémité des folioles qui le forment;
celles-ci sont longuement rétrécies dans le bas, larges et ondulées
à la gorge et au limbe, aiguës au sommet, les sépales un peu plus
étroits que les pétales. Les étamines, d'un tiers plus courtes que
les pièces du périanthe, sont rapprochées à longue anthère et à
pollen jaune; le pistil, de même longueur qu'elles, a l'ovaire

prismatique, environ trois fois plus court que le style que surmonte un gros stigmate à trois lobes.

La taille élevée du Lis de Wallich, ses feuilles linéaires-lancéolées, allongées, et sa très-longue fleur à tube bientôt fortement élargi avec un vaste limbe visiblement oblique, plus ou moins
roulé en dehors à ses extrémités, suffisent pour le faire reconnaître.

Roemer et Schultes distinguent dans cette espèce une variété à
fleur odorante et solitaire ; mais Wallich signale la bonne odeur de
ces fleurs, quel qu'en soit le nombre. Pourquoi donc cette distinction?

Dès le commencement de ce siècle, en 1802 et 1803, François
Hamilton, qui est également connu sous son premier nom de Buchanan, parcourut le Népaul et les pays adjacents, en en récoltant les
plantes. Les résultats botaniques de son exploration furent étudiés
plus tard par David Don, qui en tira la matière d'un ouvrage publié
par lui en 1825, sous le titre de : *Prodromus floræ nepalensis, sive
enumeratio vegetabilium quæ in itinere per Nepaliam proprie dictam
et regiones conterminas, annis 1802-1803, detexit atque legit* Franc.
Hamilton (olim Buchanan) (Londres ; in-8° de XII et 256 pag.).
Dans cet ouvrage se trouve décrite une belle espèce nouvelle que ce
botaniste avait déjà nommée et signalée précédemment (*Mem.
Wern. Soc.*, III, p. 412). Cette espèce est le Lis du Népaul, *Lilium
nepalense* D. Don (*Prod. fl. nepal.*, p. 52), qu'on voit très-souvent
attribué à Wallich, parce que cet auteur, qui l'avait trouvé sur les
très-hautes montagnes du Népaul et vers le Gossain-Than, en a
donné une description et une figure coloriée, dans son grand et
splendide ouvrage intitulé : *Plantæ asiaticæ rariores* (III, p. 67,
pl. 291). Cette belle plante a été importée en Angleterre, à la date
de 45 ans, et même une seconde fois, à une date beaucoup moins
éloignée ; mais certainement elle a été perdue au bout de peu de
temps, car je ne la trouve sur aucun catalogue, et on a vu plus haut
(p. 8) qu'elle n'existe même pas dans la collection de M. Max
Leichtlin.

Le Lis du Népaul, *Lilium nepalense* D. Don, est haut de 0^m 50 à
0^m 66 ou un peu plus. Sa tige dressée, simple, arrondie, lisse, de
la grosseur d'une plume d'oie, est dénudée dans le bas, bien feuillée
plus haut, mais nue sur une plus ou moins grande longueur, vers le

sommet. Elle se termine par une fleur, d'après D. Don et Wallich, ou par deux, d'après la planche de Wallich et aussi d'après un échantillon de l'herbier du Muséum. Ses feuilles alternes, nombreuses, sont oblongues-lancéolées, très-aiguës et acuminées au sommet, fortement rétrécies à la base, sessiles, parcourues par 5-7 nervures longitudinales, glabres des deux côtés, d'un vert intense et lustré en dessus, pâles en dessous, longues de 0ᵐ 07-0ᵐ 08, larges de 0ᵐ 013 ou davantage; les 4-5 supérieures sont rapprochées en un faux-verticille, à la naissance de la fleur. Celle-ci, portée sur un long pédoncule renflé au sommet, est grande, pendante, campanulée-allongée, peu odorante. Don la décrit comme blanche, tandis que Wallich la dit et la figure colorée en jaune-verdâtre, lavée de rose sur le bord des sépales et le long de la côte des pétales, teintée intérieurement, à la gorge et dans le tube, en rose-pourpre vif qui finit brusquement et sans se fondre; sa longueur et sa largeur sont d'environ 0ᵐ13; les folioles de son périanthe sont épaisses, oblongues ou lancéolées, aiguës au sommet, rétrécies à leur base en onglet large et canaliculé, étalées au limbe; les sépales sont un peu plus étroits que les pétales qui ont leur côte fort proéminente. Les étamines sont un peu plus courtes que le périanthe, rapprochées en faisceau central, à grosse anthère oblongue, renfermant un pollen jaune-brunâtre, sensiblement dépassées par le style que surmonte un stigmate peu renflé et obscurément trilobé.

Ainsi, taille moyenne; feuilles elliptiques, oblongues ou lancéolées, très-aiguës, à 5-7 nervures, les supérieures en faux-verticille à la naissance de la fleur; fleur grande, pendante, campanulée, blanche ou jaunâtre, lavée de rose par places extérieurement, rose-pourpre à la gorge et dans le tube, tels sont les principaux caractères du Lis du Népaul, auquel les Indiens donnent le nom de *Topho*. Cette belle plante fleurit en juillet et août; Wallich dit n'en avoir jamais vu l'oignon.

Dans son Prodrome de la flore du Népaul, D. Don signalait, sous le nom erroné de *Lilium japonicum* Thunb., un très-beau Lis indien que Fr. Hamilton avait trouvé à Narainbetty et désigné, dans ses notes manuscrites, sous le nom de *Lilium Batisua* qui n'est que la reproduction de sa dénomination locale. Bien que la très-courte diagnose dans laquelle D. Don résume les caractères qui lui semblent distinguer sa plante soit loin de donner entière certitude à cet égard, je suis assez porté à croire que ce botaniste anglais avait en vue un très-beau Lis des monts Nilgherries que, bien plus tard, en 1853, Rob. Wight a figuré et très-brièvement caractérisé en le nommant *Lilium tubiflorum* (*Icon. plant. Ind. orient.*, VI, planc. double 2033-2034), et dont il sera question un peu plus loin.

Il faut franchir un espace de 13 ou 14 années pour arriver à la publication de nouvelles espèces de Lis indiens. Alors, en 1839, dans son ouvrage intitulé : *Illustration of the botany of the Himalaya* (I, p. 388, pl. 92, fig. 1), Royle caractérisa succinctement et figura comme une Fritillaire, sous le nom de *Fritillaria Thomsoniana*, une charmante plante que Wallich avait précédemment découverte sur le Gossain-Than et dans le Kamaon, mais qu'il avait simplement indiquée, sans en donner les caractères, dans son catalogue autographié, sous le nom de *Lilium roseum* (n° 5077 et var. β). En 1845, Lindley, dans le *Botanical Register* (tab. 1), a replacé cette même espèce dans le genre *Lilium*, dont elle a les caractères bien plutôt que ceux des Fritillaires, puisque les pièces de son périanthe sont dépourvues des fossettes nectarifères qui sont le trait essentiellement distinctif de ce dernier genre, et il l'a nommée *Lilium Thomsonianum*.

Le Lis de Thomson, *Lilium Thomsonianum* LINDL. (*Bot. Reg.*, 1845, tab. 1. — *Botan. Mag.*, 1853, pl. 4725. — *Fl. des ser.*, IX, 1853-54, p. 29, pl. 867. — *Rev. hort.*, 1868, p. 231 avec planc. color.— *Lilium longifolium* W. GRIFF., *Icon. plant. asiat.*, tab. 277, dans *Posthumous papers*, II ; *Itinerary notes*, p. 435, n° 87), croît sur les montagnes qui bordent la grande vallée du Népaul, à une altitude de 2500 mètres. Il a été importé en Angleterre, à la date de plus d'une trentaine d'années, et il y a fleuri, pour la première fois, chez Loddiges, en 1844. On le rencontre aujourd'hui dans un assez grand nombre de collections; malheureusement on l'y voit rarement fleurir, et les horticulteurs sont si peu fixés sur le meilleur moyen d'en déterminer la floraison que les uns conseillent de le tenir pour cela en pleine terre, tandis que les autres assurent qu'on obtient ce résultat uniquement sur les pieds cultivés en pots. Pour moi, j'avoue n'avoir à le faire fleurir, depuis quelques années que je le cultive, ni en pleine terre ni en pots.

L'oignon du Lis de Thomson diffère beaucoup de celui des autres espèces du même genre. En effet, il est ovoïde, presque oblong, rétréci supérieurement en col, long de 0<sup>m</sup> 06, épais d'environ 0<sup>m</sup> 028 à l'état adulte, recouvert de quelques tuniques presque complètes, très-brunes et minces, qui portent extérieurement de nombreuses et fortes nervures saillantes longitudinales. Une fois adulte, il a une grande force de multiplication et il produit, principalement sous sa tunique externe, de nombreux caïeux très-durs, bruns-noirs, fortement côtelés, très-renflés, prolongés en pointe au sommet, rétrécis en un tout petit plateau à leur base. Ce lis entre en végétation de fort bonne heure, car il a déjà produit des racines longues de plusieurs centimètres, dans la première quinzaine du mois d'août, et ses feuilles commencent à sortir à l'automne. La plante fleurie atteint jusqu'à un mètre de hauteur ; sa tige dressée, simple, glabre et lisse, verte, est un peu grêle proportionnellement. Ses feuilles inférieures dites radicales sont très-longues, linéaires, flasques, aiguës au sommet, canaliculées en dessus, carénées en dessous ; les caulinaires sont de la même forme, mais de plus en plus courtes, embrassantes à la base et, à une faible hauteur, elles deviennent très-espacées, laissant la tige presque nue. Les fleurs, roses dans une variété, violacées dans l'autre, avec macule basilaire rouge foncé, sont un peu moins que moyennes, pendantes, disposées, au nombre d'une dizaine au plus, en une grappe peu serrée ; chacune surmonte un pédoncule court et courbé, qui naît à l'aisselle d'une bractée lancéolée : le périanthe est en entonnoir campanulé, élargi graduellement à partir de sa base, à folioles étroites, un peu élargies vers le haut, obtuses, étalées ou un peu réfléchies à l'extrémité ; les étamines, presque aussi longues que le périanthe, déclinées, sont un peu plus courtes que le pistil dans lequel l'ovaire, ovoïde-oblong, obtus, porte un style quatre fois plus long que lui et terminé par 3 courtes divisions stigmatifères. La capsule de ce Lis est turbinée, à 6 angles obtus.

On voit que le singulier oignon de cette espèce à tuniques externes noirâtres et côtelées, ses très-longues feuilles radicales

linéaires et flasques, sa tige presque nue dans la plus grande
partie de sa longueur, sa grappe de fleurs moyennes, roses ou
violacées, en entonnoir-campanulées, et son style à 3 courtes divisions stigmatifères la caractérisent fort nettement.

W. Griffith avait trouvé croissant communément parmi les
buissons et les rochers, sur les bords de la rivière Cafir, un Lis
qu'il avait dessiné et décrit sous le nom de *Lilium longifolium*,
dans ses notes manuscrites que le gouvernement anglais a fait
publier après sa mort. D'après la description et la figure, ce n'est
certainement pas autre chose que le *L. Thomsonianum* LINDL.

La seconde espèce dont on doit la connaissance à Royle est le
Lis à feuilles nombreuses, *Lilium polyphyllum* ROYLE (*Illust. of
the bot. of the himalayan Mountains*, I, p. 388. — KLOTZSCH, *Ergebn.
d. Reise des Prinz. Waldemar*, 1862, p. 53). Ce botaniste l'indique
comme découverte par lui à Taranda, en Kanawur; plus tard le
D<sup>r</sup> Hofmeister l'a trouvée dans l'Himalaya. Il ne paraît pas qu'elle
soit encore cultivée comme espèce ornementale; cependant il ne
peut tarder à en être ainsi, puisqu'on a vu que M. Leichtlin la
possède vivante et la porte sur sa liste comme l'une de ses précieuses nouveautés. D'un autre côté, je ne sache pas qu'elle ait été
figurée jusqu'à ce jour. Royle n'en ayant publié qu'une fort courte
diagnose, j'emprunterai la plupart des détails suivants à la description succincte qu'en a donnée Klotzsch dans l'ouvrage très-rare
qui renferme les Résultats botaniques du voyage exécuté par le
prince Waldemar de Prusse, en 1845 et 1846, dans l'Himalaya
(Die botan. Ergebnisse der Reise seiner Kœnigl. Hoheit des Prinzen
Waldemar; 1 gr. in-4° avec atlas. Berlin, 1862, p. 53).

Le *Lilium polyphyllum* ROYLE a la tige dressée, haute de 0<sup>m</sup> 66,
arrondie, glabre comme toute la plante, abondamment feuillée
sur toute sa longueur; ses feuilles sont lancéolées-linéaires, terminées en longue pointe fine, longuement rétrécies vers leur base,
d'un vert pâle en dessous, où la côte seule est proéminente, lon-
gues de 0<sup>m</sup> 04 à 0<sup>m</sup> 08, larges de 0<sup>m</sup> 004 à 0<sup>m</sup> 009, alternes, sauf les
trois supérieures qui forment un faux-verticille à la base de l'in-
florescence. Les fleurs, au nombre de deux ou trois, sont blanches,
de la grandeur et de la forme de celles du Lis Martagon; les folioles de leur périanthe sont rétrécies en onglet à leur base, gla-

...res et fortement révolutées ; leur style s'épaissit en massue dans sa partie supérieure et sa longueur est double de celle de l'ovaire.

Dans le 6ᵉ volume de ses *Icones plantarum Indiæ orientalis*, qui porte la date de 1853, M. Rob. Wight a publié de très-courtes phrases caractéristiques et la figure de trois beaux Lis indiens à énormes fleurs blanches, qu'il désigne comme trois espèces distinctes, sous les noms de *Lilium tubiflorum* R. Wight (pl. 2033-2034), *L. neilgherrense* R. Wight (pl. 2031-2032), *L. Wallichianum* (pl. 2035). A propos de l'une de ces trois prétendues espèces, il dit qu'il ne s'attend guère à ce que, en les cultivant, on les reconnaisse comme distinctes et séparées ; mais il ajoute qu'il n'a pas des données assez précises à leur sujet pour se croire autorisé à les réunir. Je crois cependant que cette réunion est légitime : d'abord celle de ces plantes qu'il nomme *L. Wallichianum* ne doit pas recevoir ce nom et n'est évidemment qu'une forme un peu réduite de celle dont son *L. neilgherrense* me semble être, au contraire, une forme vigoureuse et sensiblement agrandie. Ces trois prétendues espèces n'en sont donc en réalité, à mon avis, qu'une seule qui devra conserver la dénomination de *Lilium tubiflorum* R. Wight.

Le Lis à fleur tubulée, *Lilium tubiflorum* R. Wight. (loc. cit. pl. 2033-2034. — *Lilium Metzii* Steudel, *Plant. Indiæ orient.* ed. R.-F. Hohenacker, 1851, nᵒ 954) est une fort belle plante qui, comme l'a fait observer avec raison M. R. Wight, mériterait de prendre place dans les jardins à titre d'espèce ornementale. Je ne crois pas qu'il existe encore dans le commerce ; toutefois, M. Leichtlin le possède et le marque, dans sa liste, de la lettre *r*, par laquelle il distingue les plantes vraiment remarquables pour leur beauté. Il développe en terre un rhizome horizontal que j'ai déjà dit atteindre 0ᵐ 15 de longueur, qui gagne graduellement en épaisseur d'arrière en avant, dans toute la longueur duquel sont attachées des racines espacées en arrière, très-serrées et très-nombreuses en avant, principalement sur la portion sensiblement renflée qui précède le coude de la tige de l'année. Sur ce rhizome, cinq bons échantillons secs que j'ai eus sous les yeux ne m'ont présenté aucune cicatrice qui indiquât ni la place qu'a pu occuper un oignon, ni celle d'où auraient pu partir les tiges des années

précédentes. Ce rhizome pourrait donc n'être que la base couchée
de la tige ascendante développée dans l'année même, en d'autres
termes, la portion de cette tige que M. Leichtlin, comme je l'ai
dit plus haut, a vue sortir directement de l'oignon.

La tige du *Lilium tubiflorum* R. WIGHT est ascendante; sa portion horizontale, au-delà des dernières racines adventives, reste
couchée sur 0ᵐ 02-0ᵐ 03 de longueur et passe ensuite à un coude
en quart de circonférence que surmonte la portion dressée, haute
de 0ᵐ 25-0ᵐ 40 ; ces portions souterraines couchées et arquées sont
nues et marquées de quelques cicatrices, laissées par des feuilles
tombées ; la portion dressée est abondamment feuillée dans toute
son étendue ; elle est même cachée par les feuilles dans toute sa
partie moyenne ; elle est du reste arrondie, lisse et glabre,
comme toute la plante, simple et de l'épaisseur d'une plume d'oie
ordinaire. Les feuilles sont nombreuses, dressées, toutes alternes,
lancéolées, oblongues-lancéolées, ou même ovales-lancéolées,
aiguës, rétrécies à la base, sessiles, d'un vert pâle en dessous où se
montrent 5-7 nervures saillantes à peu près égales ; petites sur le bas
de la tige, elles deviennent de plus en plus grandes dans la longueur
de son tiers inférieur, et restent ensuite presque égales jusqu'au
haut ; sur des pieds un peu maigres et uniflores, elles ont, au
maximum, 0ᵐ 045 sur 0ᵐ 012 ; celles des pieds vigoureux et
pluriflores atteignent ou dépassent même quelque peu 0ᵐ 10 de
longueur sur 0ᵐ 016 à 0ᵐ 020 de largeur. Les fleurs sont blanches, en général brièvement pédonculées, obliques-ascendantes
ou presque horizontales, très-grandes, longues de 0ᵐ 02 ou un peu
plus ; leur périanthe forme d'abord un long tube étroit, égal, qui
s'élargit graduellement en entonnoir, à partir du milieu de sa
longueur, et il s'évase supérieurement en un large limbe étalé, un
peu réfléchi en dehors aux extrémités : ses folioles sont longuement rétrécies et étroitement conniventes dans le bas, élargies plus
haut en lame ovale-oblongue, au total spatulées, les sépales lancéolés à leur extrémité, les pétales à sommet arrondi et surmontés
d'une courte pointe. Les étamines sont de moitié plus courtes que le
périanthe, rapprochées en faisceau ; leur filet est linéaire-subulé,
leur anthère grosse, oblongue, leur pollen jaune ; le pistil, de la
même longueur que les étamines ou un peu plus long, droit comme

elles, a le style grêle, fortement renflé et trigone au sommet que surmonte un gros stigmate trilobé ; ce style est environ trois fois plus long que l'ovaire qui se montre prismatique à angles obtus.

En résumé, les caractères essentiellement distinctifs du *Lilium tubiflorum* R. WIGHT consistent dans son long rhizome horizontal vraisemblablement annuel, dans sa taille moyenne, dans ses feuilles oblongues-lancéolées, aiguës, nervées, toutes alternes, et dans ses très-grandes fleurs blanches, longuement tubulées, dont la gorge est médiocrement renflée.

Je crois qu'il y a lieu de distinguer, dans cette espèce, une forme ou variété plus petite, *L. tub. minus* (*L. Wallichianum* R. WIGHT, *Icon. plant. Ind. or.*, VI, tab. 2035), et une forme ou variété plus grande et plus vigoureuse, *L. tub. majus latifolium* (*L. neilgherrense* R. WIGHT, ibid., tab. 2031-2032.)

L'ordre chronologique amène la découverte faite en 1845-1846, dans l'Himalaya, par le D^r Hofmeister, pendant le voyage du prince Waldemar de Prusse, de deux Lis qui ont été décrits par Klotzsch, qui certainement n'ont encore ni l'un ni l'autre paru vivants en Europe et dont l'un a été figuré dans l'ouvrage qui a pour objet de faire connaître les résultats botaniques de cette exploration. Ce dernier est le Lis à trois têtes, *Lilium triceps* KLOTZSCH (*Die botan. Ergebn. d. Reise d. Prinz. Waldemar*, p. 53, tab. 93). D'après la description et la figure qui en ont été données, ce Lis est haut de 0^m 50 ; sa tige arrondie, lisse, simple, est plus mince dans sa portion inférieure où elle est dénudée de feuilles ; à partir de ce point, elle est de plus en plus feuillée jusqu'au sommet. Ses feuilles sont petites, longues de 0^m 035, larges de 0^m 008-0^m 010, lancéolées, rétrécies vers le sommet qui forme une pointe émoussée, sessiles, multinervées, couvertes d'abord d'un léger duvet qui disparaît ensuite, très-espacées vers le bas, nombreuses et serrées dans le haut. La fleur est terminale, solitaire, blanche, penchée et un peu pendante, de dimensions au plus moyennes, campanulée ; les folioles de son périanthe sont oblongues, terminées en pointe émoussée, d'égale longueur, mais les trois pétales sont rétrécis à leur base en un court onglet et un peu plus larges que les sépales qui sont sessiles ; les étamines sont plus courtes que le périanthe, à grosse anthère bifide à sa base ; elles sont dépassées par le pistil dans lequel l'ovaire égale en longueur le style qui, de son côté, se renfle vers le sommet pour se diviser en trois courtes et épaisses branches surmontées chacune d'un stigmate simple; c'est de ce dernier caractère qu'a été tiré le nom de l'espèce. Ce caractère du style à 3 courtes branches s'est déjà montré dans le *Lilium Thomsonianum* Lindl., autre espèce indienne, également dépourvue du sillon nectarifère qui caractérise la généralité des *Lilium*, et dont l'absence est le motif principal pour lequel Rafinesque établissait un genre particulier nommé par lui *Amblirion* et identique avec la section que Wallich, de son côté, appelait *Notholirion*, c'est-à-dire Faux-Lis.

On voit donc que le *Lilium triceps* Klotzsch est caractérisé surtout par sa taille moyenne, par ses feuilles petites, lancéolées, très-espacées sur le bas de la tige, très-nombreuses, au contraire, et serrées sur le haut ; enfin par son unique fleur blanche, presque pendante, campanulée, dans laquelle le style, de même longueur que l'ovaire, est trifurqué au sommet en courtes et épaisses branches stigmatifères.

La seconde espèce de Lis découverte dans l'Himalaya par le D<sup>r</sup> Hofmeister est le Lis nain, *Lilium nanum* Klotzsch (*Die Ergebnisse*, etc., p. 53). C'est une petite plante haute seulement de 0<sup>m</sup> 16, dont la tige dressée est finement duvetée, feuillée jusqu'à sa base. Ses feuilles sont dressées, linéaires, semblables à celles des Graminées, un peu obtuses au sommet, marquées de 5 nervures, longues de 0<sup>m</sup> 08-0<sup>m</sup> 09, larges de 0<sup>m</sup> 04-0<sup>m</sup> 06. Sa fleur solitaire est blanche, plus ou moins pendante, campanulée, brièvement pédonculée, longue et large de près de 0<sup>m</sup> 03, avec les folioles du périanthe sessiles, oblongues, obtuses ; les étamines ont le filet subulé et l'anthère oblongue, obtuse, bifide à sa base; le pistil a son stigmate épais, trigone, finement duveté.

Ce pygmée du genre Lis est suffisamment caractérisé par ses feuilles dressées, linéaires, obtuses et nervées, ainsi que par sa petite fleur blanche, campanulée, penchée, à folioles obtuses.

Le dernier des Lis indiens qui, à ma connaissance, ait été publié jusqu'à ce jour est celui que M. Ch. Lemaire a fait connaître, en 1863, par une description et une figure coloriée, sous le nom de Lis des Nilgherries, *Lilium neilgerricum* Ch. Lem. (*Illust. hort.*,

X, 1863, pl. 353). Il paraît qu'il a été découvert et introduit en Europe par Th. Lobb, voyageur-collecteur pour la maison Veitch, de Londres, et que M. Ambr. Verschaffelt l'a eu en même temps ou à peu près. C'est à ce dernier horticulteur qu'on en doit la connaissance, grâce au journal horticole dont il était éditeur. Il est à craindre qu'il n'ait été perdu ou tout au moins qu'il ne soit devenu extrêmement rare, car je ne le vois indiqué sur aucun des catalogues les plus récents que j'ai sous les yeux, et M. Leichtlin, de son côté, ne le porte pas sur sa liste. Moi-même, l'ayant acquis de M. A. Verschaffelt, en 1865, je l'ai vu végéter fort médiocrement, pendant l'hiver, dans une serre tempérée-froide et périr ensuite. Je dois donc me borner à présenter ici, touchant cette belle plante, les renseignements consignés à son sujet dans l'*Illustration horticole*.

Le *Lilium neilgerricum* Ch. Lem. ne s'élève qu'à 0<sup>m</sup> 30-0<sup>m</sup> 33. Sa tige dressée, arrondie, simple, glabre, comme toute la plante, est abondamment feuillée ; ses feuilles sont linéaires-oblongues, plus rarement oblongues-elliptiques, aiguës, sessiles, étalées, puis recourbées en bas vers leur extrémité, trinervées, assez épaisses, longues de 0<sup>m</sup> 10-0<sup>m</sup> 12, larges de 0<sup>m</sup> 016 à 0<sup>m</sup> 025. Sa fleur solitaire et terminale, dirigée presque à angle droit sur la tige, est très-grande, fort agréablement odorante, d'une couleur jaune-miel uniforme, jaune-verdâtre sur le tube ; elle forme un tube long de 0<sup>m</sup> 10 qui s'évase en entonnoir peu ample à la gorge pour passer à un limbe large de 0<sup>m</sup> 13, étalé et médiocrement révoluté : les folioles du périanthe sont longuement rétrécies inférieurement, élargies au delà en une lame ovale-oblongue à sommet obtus, toutes parcourues par un sillon médian profond ; les sépales sont moins larges que les pétales et fortement épaissis au sommet. Les étamines sont d'un tiers plus courtes que le périanthe, à filet subulé, verdâtre avec l'anthère brune, oblongue, proportionnellement petite. Le pistil dépasse beaucoup les étamines, et son style décliné, vert, renflé au sommet, est surmonté d'un stigmate très-épais, trilobé.

Cette belle espèce est fort voisine du *Lilium eximium* Court. ; elle me semble toutefois en différer par ses feuilles notablement plus larges, étalées-recourbées, par la couleur de sa fleur, par son style beaucoup plus long que les étamines, etc.

Ici devrait se terminer ce relevé historique et descriptif des espèces de Lis qui ont été décrites jusqu'à ce jour comme croissant naturellement dans les immenses contrées auxquelles s'applique la dénomination d'Indes orientales, plus exactement dans les grandes chaînes qui sillonnent ou surtout qui limitent au nord ces contrées; mais j'ai dit plus haut que l'herbier du Muséum d'Histoire naturelle renferme plusieurs échantillons d'une espèce que Jacquemont a découverte dans ces mêmes contrées et qu'il a désignée, dans son catalogue manuscrit, sous le nom de *Lilium punctatum*. Comme j'ai tout lieu de penser que cette espèce est encore inédite, je crois qu'il est bon d'en donner une idée, d'après les échantillons secs qu'avait réunis notre célèbre botaniste-voyageur.

Le Lis ponctué, *Lilium punctatum* JACQUEM., msc. in *Herbar. Mus. paris.*, est indiqué comme assez commun dans les endroits fertiles et herbeux des forêts, sur les grandes montagnes. C'est un Martagon bien caractérisé par la forme révolutée de sa fleur. Il forme une belle plante haute d'un mètre et même plus. Sa tige dressée est forte, épaisse de $0^m 008$-$0^m 009$ à sa base, lisse et glabre, abondamment feuillée. Ses feuilles sont alternes, les inférieures verticillées (Jacquemont), lancéolées ou presque oblongues-lancéolées, aiguës ou même acuminées, surtout dans le haut de la plante, parcourues (sur le sec) par trois nervures dont les deux latérales sont beaucoup plus grêles que la médiane, nombreuses et rapprochées, dressées obliquement, glabres comme toute la plante, pâles en dessous, longues de $0^m 08$-$0^m 10$ au plus, larges de $0^m 012$-$0^m 014$. Ses fleurs, au nombre de 8-10 au maximum, sont indiquées sur les notes de Jacquemont comme colorées en jaune livide, ponctuées de pourpre-vineux, agréablement odorantes ; elles forment une grappe terminale simple, lâche ; chacune est portée sur un pédoncule presque dressé, recourbé au sommet, ce qui la rend pendante, et à la base duquel se trouvent deux bractées inégales, plus ou moins latérales, semblables aux feuilles, mais beaucoup plus petites : le périanthe est brièvement campanulé dans le bas, fortement révoluté au delà, composé de folioles lisses en dedans, longuement rétrécies vers leur base, surtout les trois sépales, qui sont linéaires-oblongs, presque spatulés, obtus au sommet, longs de $0^m 07$-$0^m 08$, tandis que les pétales sont plus larges ($0^m 04$) avec la même longueur et plus obtus. Les étamines, d'un quart plus courtes que le périanthe, ont les filets subulés, non déclinés et l'anthère oblongue; le pistil dépasse un peu les étamines, et son style dressé, grêle, deux fois et demie plus long que l'ovaire, est surmonté d'un stigmate peu épaissi et trilobé.

En résumé: tige haute et forte, simple; feuilles nombreuses, les inférieures verticillées, les autres alternes, lancéolées, aiguës, trinervées; fleurs jaune-livide, toutes ponctuées de pourpre-vineux, moyennes, pendantes, révolutées, plus ou moins nombreuses, en grappe terminale, accompagnées chacune de deux bractées inégales; tels sont les principaux caractères distinctifs du Lis ponctué, *L. punctatum* JACQUEM. (1).

VI. — *Amérique du Nord.* — Parmi les espèces de Lis qui croissent naturellement dans l'Amérique du Nord, il convient de distinguer celles qu'on trouve à l'est des Montagnes-Rocheuses et celles qui habitent les pays situés à l'ouest de cette chaîne, particulièrement la Californie. Les premières ont été connues de bonne heure, à peu près sans exception, et ces dernières années ne paraissent avoir amené aucune addition au nombre qu'on en connaissait; ce ne sont guère que des variétés intéressantes que les explorateurs de ces immenses contrées sont parvenus à y reconnaître récemment. Quant aux dernières, on peut les considérer comme toutes nouvelles pour l'Europe, puisque les trois dont il existe déjà une description avaient été signalées dans un recueil à peu près introuvable en

---

(1) Je résumerai dans la diagnose latine suivante les caractères essentiels de cette nouvelle espèce de Lis :

*Lilium punctatum* JACQUEM., spec. ined. in *Herb. Mus. paris.*, numeris 719 et 999 inscripta : caule metrali et ultra, valido, erecto, simplici, lævi, ut tota planta glabro; foliis numerosis, inferioribus verticillatis, cæteris alternis, lanceolatis, acutis acuminatisve, trinerviis (in sicco); racemo terminali, simplici; floribus 2-6-10; pedunculo longo, apice recurvo, basi 2 bracteis inæqualibus stipato insidentibus, suaveolentibus, livide lutescentibus vinoso-punctatis, cernuis, inferne breviter campanulatis, cæterum valde revolutis; sepalis petalisque lineari-oblongis, obtusis; staminibus pistilloque erectis, inter se subæqualibus, perianthio brevioribus. — Hab. sat frequens in herbosis fertilibus nemorum editorum Indiæ septentrionalis ubi a b. Jacquemont detectum.

France, les *Proceedings of the californian Academy of natural Sciences*, et que c'est uniquement M. Leichtlin qui est parvenu, à grands frais et avec beaucoup de peine, à en obtenir le premier des pieds vivants en Europe. Pour la quatrième dont j'aurai à parler ici, je crois pouvoir affirmer qu'elle n'a pas été décrite jusqu'à ce jour. Ainsi tout est connu, ou à peu près, à l'est des Rocky-Mountains; tout est inconnu, à proprement parler, à l'ouest de ces mêmes montagnes.

1° *Lis du versant atlantique ou croissant à l'est des Montagnes-Rocheuses.* — En général les espèces que comprend cette division purement géographique offrent, dans leur portion souterraine, une manière d'être et un mode de développement qui n'existent, à ma connaissance, dans aucun des Lis ni européens ni asiatiques : en effet, leur oignon se rattache à un rhizome, et chaque année, un nouvel oignon se forme sur une production récente et horizontale de ce même rhizome. Pour donner une idée de ce développement, qu'il me soit permis de rapporter ici ce que j'ai vu sur le Lis du Canada, *Lilium canadense* L., examiné au commencement du mois de mars, par conséquent au moment où il montrait seulement les premiers indices de la nouvelle végétation de l'année.

A la base de la tige qui avait fleuri pendant l'année précédente et dont il ne restait qu'une courte portion cachée en terre, se trouvait l'oignon d'où était sortie cette tige, oignon formé d'écailles courtes, charnues et épaisses pour la plupart, encore fraîches, pointues et lâchement imbriquées, qui, dans son ensemble, était environ deux fois plus large que haut. Immédiatement au-dessus de cet oignon, le reste de la vieille tige portait un anneau de nombreuses racines actuellement mortes et desséchées. Il sortait aussi des racines analogues, mais moins nombreuses, à un niveau plus bas, de telle sorte que ces dernières avaient dû s'insinuer entre les écailles de la bulbe pour pénétrer dans le sol. Enfin l'extrême base de cette même vieille tige se prolongeait en-dessous de l'oignon avec un diamètre presque double de celui qu'elle avait au-dessus de celui-ci, et après un centimètre au plus de longueur, elle se terminait par une large troncature. Au total, la base de la tige qui avait fleuri l'année précédente traversait l'oignon qu'elle dépassait tant en dessous qu'en dessus.

C'est de cette vieille tige qui avait fleuri l'année précédente, immédiatement au-dessous du vieil oignon et très-vraisemblablement à l'aisselle d'une écaille tombée plus tard, qu'est né le rameau horizontal dont l'extrémité porte le nouvel oignon d'où on voit déjà poindre le sommet conique de la pousse qui ne tardera pas à devenir la tige florifère de l'année. Ce rameau-rhizome n'a guère que 2-3 centimètres de longueur. Dès sa naissance, il plonge quelque peu dans le sol, se relève ensuite pour devenir horizontal, et se redresse enfin à son extrémité pour former l'axe de la nouvelle bulbe et se continuer finalement en nouvelle tige florifère. Dans sa longueur il porte de petites écailles spiralées, épaisses et charnues, dont les premières sont espacées, tandis que, plus vers le bout de ce rameau souterrain bulbipare, elles se rapprochent en grandissant de plus en plus et composent ainsi le nouvel oignon. De la portion antérieure de ce rameau-rhizome, surtout de sa partie qui porte les écailles inférieures du jeune oignon, partent de nombreuses racines assez épaisses, parfaitement vivantes, souvent rameuses, sur l'action desquelles repose évidemment la nouvelle végétation. Pendant l'année, le vieil oignon ne tardera pas à disparaître ; le rhizome horizontal deviendra ainsi libre de toute adhérence ; puis lui-même se désorganisera dans sa portion postérieure qui ne porte pas de racines, et en même temps un nouveau rameau-rhizome prendra naissance à la base de l'oignon en voie de fleurir, à son tour, pour former à son extrémité un autre oignon destiné à la végétation de l'année suivante. Il se produit donc dans ce Lis, et dans ses analogues, une succession de rameaux souterrains bulbifères, qui naissent les uns des autres (sympode), ou une suite de générations successives et dont chacune a pour portion fondamentale un oignon annuel.

Il importe de faire bien apprécier la différence capitale qui existe entre ce mode de développement et celui que présente la généralité des espèces du même genre *Lilium*, par exemple la plus commune de toutes, le *L. candidum* L., qui a été fort bien étudié, sous ce rapport, par M. Thilo Irmisch (*Zur Morphologie der monokotylischen Knollen- und Zwiebelgewœchse*, p. 82, plan. VI, fig. 18-20). Ici l'oignon n'est pas annuel et il dure même plusieurs années de suite, émettant, chaque année, vers son centre, une nouvelle tige florifère entourée à sa base d'un certain nombre de feuilles nouvelles. Cette régénération à l'intérieur s'accompagne d'un dépérissement corrélatif à l'extérieur, de sorte qu'en réalité l'oignon ne garde chaque année qu'un nombre assez bien déterminé d'écailles, c'est-à-dire de bases de feuilles modifiées ; ce nombre correspond à deux, trois ou quatre années de végétation, selon les espèces de Lis. Quant à la production successive d'une série de tiges florifères par le même oignon, elle tient à ce que, au moment où le centre de celui-ci commence à montrer nettement le commencement de la tige de l'année, on reconnaît déjà sur le côté de la base de cette tige naissante, à l'aisselle de l'une des feuilles-écailles internes, un bourgeon qui restera petit toute cette année, mais qui, au printemps prochain, se développera en une nouvelle tige florifère. Il y a donc toujours, dans l'oignon, à côté du point de départ de la tige à fleurs actuelle, le germe d'une nouvelle tige. Il est dès lors facile de comprendre que le même oignon, se régénérant toujours par sa partie intérieure vivante et active, puisse durer une suite d'années.

Il en est tout autrement pour le Lis du Canada que j'ai pris ici comme exemple. L'axe de son oignon nouveau s'allonge directement en tige, et dès lors cette tige, une fois fructifiée, puis morte et desséchée, ne permettrait aucun développement ultérieur, si de sa portion toute basilaire, au-dessous même de l'oignon, il n'était né un rameau-rhizome qui, comme on l'a vu, formera lui-même, au bout d'une certaine longueur, un oignon nouveau destiné à se comporter comme le précédent.

On a vu plus haut que certains Lis indiens offrent également un rhizome ; mais celui-ci se produit et se comporte, chez eux, d'une manière complétement différente de celle que je viens d'exposer. Je n'ai pas à répéter ici les détails que j'ai donnés sur ce sujet. Je me bornerai à faire observer que, dans le *Lilium Wallichianum* Roem. et Schult., ce rhizome est évidemment persistant, puisqu'il porte les bases persistantes de plusieurs tiges développées pendant autant d'années, tandis que dans le *L. tubiflorum* R. Wight, il me semble plus vraisemblable, sans toutefois que je puisse l'affirmer, que le long prolongement souterrain et couché horizontalement qui se redresse plus loin pour se continuer en

tige verticale florifère, n'est pas un vrai rhizome et ne constitue
en réalité que la première portion de la tige de l'année.

Enfin, parmi les Lis américains, ceux de Californie offrent, de
leur côté, des particularités remarquables au plus haut point,
dans leur végétation souterraine. Voici ce que j'ai pu constater
sur deux d'entre eux, le *Lilium Humboldtii* Roezl et Leichtl., in
litt., et le *L. Washingtonianum* Kellogg. Malheureusement je n'ai
eu à ma disposition, de l'un et l'autre, qu'un seul échantillon que
je devais à la générosité de M. Max Leichtlin, et, vu la nouveauté,
par conséquent aussi la valeur élevée de ces plantes, je n'ai pas
cru devoir les sacrifier pour en faire la dissection ; mais la manière
d'être de ces curieuses espèces me semble pouvoir être présumée
sans chance notable d'erreur par un examen fait à l'extérieur.

L'oignon du Lis de Humboldt, tel que je l'ai reçu le 19 février
1870, formai tune masse ovoïle, plus longue que large, dont le profil
aurait pu être inscrit dans un losange ayant deux de ses côtés parallèles presque horizontaux et rectilignes, tandis que les deux
autres côtés auraient été arqués à convexité externe. L'inférieur des
deux côtés rectilignes était occupé par la portion restante de
la vieille tige. Les écailles qui composaient cet oignon étaient
grandes, larges, médiocrement épaisses, presque plates, blanchâtres ; les intérieures ne dépassaient pas les extérieures, et
toutes restaient assez lâchement rapprochées à leur extrémité libre.
L'ensemble mesurait $0^m06$-$0^m07$ dans son grand axe longitudinal,
près de $0^m04$ dans le sens de son axe transversal. Toute cette masse
adhérait au côté supérieur d'une base de vieille tige cylindrique, un
peu courbée en arrière, épaisse de $0^m008$, longue d'environ $0^m05$,
tronquée en avant, plus ou moins désorganisée et visiblement
morte dans sa moitié postérieure d'où partaient de nombreuses
racines mortes aussi et sèches. Il me semble résulter de cette apparence extérieure que les écailles de l'oignon du *L. Humboldtii*
s'attachent tout le long du côté supérieur de la base de la tige,
sur une longueur de $0^m03$-$0^m04$ ; que cet oignon est par conséquent latéral ; mais comment se propage-t-il ? d'où naît la tige florifère de l'année ? C'est ce que je n'ai pu reconnaître encore.
Toutefois, je dois à M. Leichtlin un renseignement important
qui se rattache à cette question : « L'oignon du *L. Humboldtii*,

6

m'écrivait-il, le 19 février 1870, s'enfonce chaque année davantage dans le sol ». Ce renseignement est en parfaite concordance avec ce fait que (sur le seul oignon que j'aie eu sous les yeux) la portion la plus basse, c'est-à-dire celle qui adhère à la base même de la vieille tige, est plus renflée, composée d'écailles plus fraîches, plus épaisses, plus grandes, plus serrées, et que même en dehors de ces grandes écailles il s'en trouve quelques-unes beaucoup plus petites, paraissant dès lors jeunes. Je crois donc pouvoir conclure de là que cette même portion inférieure est celle par laquelle se fait l'accroissement.

Quant au *L. Washingtonianum*, il offre une exagération curieuse de la disposition que je viens d'indiquer chez le *L. Humboldtii* par une description forcément incomplète. Il semble fournir en même temps l'explication de l'arrangement des écailles chez cette espèce précédente. Celui que j'ai eu sous les yeux, le 6 mars 1870, formait une masse toute écailleuse, longue de 7 à 8 centimètres, aplatie par les côtés, limitée en haut et en bas par deux lignes droites parallèles. Cette masse consistait en un rhizome horizontal entièrement caché par un grand nombre d'écailles charnues, planes en dedans, convexes en dehors, longues de $0^m$ 03-$0^m$ 04, larges au plus de $0^m$ 01, à convexité externe, pointues, et plus ou moins acuminées, qui, attachées sur les deux côtés opposés de ce rhizome, se regardaient par leur face plane, d'un côté à l'autre de cet ensemble. De la face inférieure de ce rhizome, sur presque toute sa longueur, partaient des racines mortes et sèches, mais dont cependant un petit nombre étaient courtes, épaisses, fraîches, même jeunes et en voie d'accroissement, à l'une de ses extrémités. Il me semble donc évident que le *L. Washingtonianum* possède un rhizome-bulbe, c'est-à-dire un rhizome chargé d'écailles de bulbe persistantes, dans lequel le développement s'opère par une extrémité, où doit naître annuellement la tige florifère, tandis que la vie abandonne lentement l'extrémité opposée. L'échantillon que j'ai eu sous les yeux m'a semblé réunir les produits de la végétation de trois années; M. Leichtlin m'a écrit que certains des pieds qu'il possède résultent de la végétation de cinq années successives.

La bulbe du *Lilium Washingtonianum* doit s'enfoncer de plus en plus dans le sol, en s'accroissant, comme celle du *L. Hum-boldtii*; en effet, comme dans celui-ci, la portion la plus jeune est l'extrémité la plus basse; de plus, les écailles qui composent la bulbe entière ne sont pas dirigées perpendiculairement à l'axe du rhizome, mais elles font un angle sensiblement aigu avec la ligne plus ou moins oblique descendante que décrit celui-ci, c'est-à-dire qu'elles semblent tourner un peu le dos à l'extrémité par laquelle se fait la croissance de l'ensemble; cette extrémité pointe donc plus ou moins vers le bas, et la bulbe doit s'enfoncer ainsi graduellement.

On voit que cette organisation de bulbe s'écarte complétement de tout ce que l'on connaissait jusqu'à ce jour. En effet, les bulbes connues reviennent toutes, sauf des modifications de détail, à un axe souterrain raccourci et vertical, tantôt vivace, tantôt annuel, qui porte sur tout son pourtour et pressées les unes contre les autres des écailles charnues, constituées par des bases de feuilles, plus rarement par des feuilles entières modifiées; c'est la réunion de ces deux sortes de parties, serrées en une masse ovoïde ou arrondie ou déprimée, qui constitue ce qu'on nomme un oignon ou une bulbe. Les choses sont tout autrement disposées dans les *Lilium Humboldtii* et *Washingtonianum* : chez eux, l'axe auquel s'attachent les écailles charnues n'est pas vertical mais couché; il ne porte pas les écailles sur toute sa circonférence, ni rangées en plusieurs rangs spiraux serrés l'un contre l'autre; les écailles s'attachent uniquement au côté supérieur de cet axe à peu près horizontal ou plutôt un peu oblique descendant, et dans une longueur de quelques centimètres, chez la première de ces deux espèces; elles se fixent sur ses deux côtés opposés et dans une longueur qui devient notablement plus considérable, chez la seconde. En d'autres termes, dans la généralité des bulbes, l'axe de la formation entière est central, enveloppé par les écailles pour lesquelles la ligne d'insertion est perpendiculaire à la direction de cet axe; dans les deux Lis californiens dont il s'agit, ce même axe est couché, plus ou moins incomplétement caché par les écailles pour lesquelles la ligne d'insertion est parallèle à la direction de cet axe. J'ajouterai que j'ignore encore si ces deux espèces produisent des caïeux et, dans le cas affirmatif, où elles les produisent.

Il n'est pas hors de propos de consigner ici ce fait qu'une écaille bien entière s'étant détachée du rhizome-bulbe du *Lilium Washingtonianum*, lorsqu'il m'a été envoyé par M. Leichtlin, je l'ai posée, à moitié enfoncée, sur de la terre de bruyère maintenue constamment humide, en un lieu chaud, et en recouvrant le petit pot d'une cloche. Au bout de deux mois, de la section basilaire de cette écaille était né un très-petit oignon. Au moment où j'écris ces lignes (20 août 1870), le développement ayant continué de se faire dans les mêmes conditions, le petit oignon, long d'environ 0$^m$ 005, se montre à la surface du sol, composé de deux écailles épaisses, ovoïdes, appliquées l'une contre l'autre et d'âge différent : celle de ces écailles qui a été formée la première a donné à sa base et sur sa ligne médiane une racine longue de deux ou trois centimètres qui s'est enfoncée en terre par son extrémité et qui commence à se flétrir ; la seconde écaille est un peu plus grande que la première et, en ce moment, on voit une racine poindre au milieu de sa base sous la forme d'un mamelon assez fortement proéminent. Si le développement de ce petit oignon, qui me semble indiquer un commencement de formation alterne-distique des écailles, se continue, comme je l'espère, il sera bon d'en suivre la marche, et je me propose (1) de ne pas négliger ce sujet intéressant d'observation.

Après cette digression qui m'a semblé essentielle pour l'histoire organographique des Lis, j'aborde l'examen des espèces et variétés américaines dont ce beau genre s'est enrichi dans ces derniers temps.

Avant tout, je crois qu'il faut éliminer du genre *Lilium* une plante américaine, qui n'y avait été introduite qu'avec doute, et que les botanistes rapportent aujourd'hui avec raison, ce me semble, au genre Fritillaire, *Fritillaria* L. Je veux parler du *Lilium ? pudicum* Pursh (*Fl. Amer. sept.*, 1, p. 228), plante ambiguë, dont la petite

_________________

(1) L'espoir que je concevais s'est évanoui. Ma collection de Lis se trouvait à Meudon (Seine-et-Oise), dans une propriété qui est située au pied même du château et qui, par suite de cette situation, a cruellement souffert pendant le siège de Paris ; cette même propriété a d'ailleurs été occupée pendant presque toute la durée du siège par des soldats allemands ; ai-je besoin de dire dès lors que ma collection n'existe plus ? Avril 1871.)

fleur solitaire et pendante ressemble beaucoup plus à celle d'une Fritillaire qu'à celle d'un Lis, mais dont le périanthe n'offre sur ses folioles ni, selon Rafinesque, les fossettes nectarifères qui caractérisent les Fritillaires, ni le sillon médian nectarifère qui distingue les Lis. D'un autre côté, son pistil n'a pas le stigmate trifide des Fritillaires, et W. Hooker lui assigne un stigmate simple qui n'est pas non plus celui d'un Lis. Cette ambiguïté de caractères explique pourquoi Roemer et Schultes ont fait, dans le genre *Lilium*, une section spéciale qualifiée par eux de *Lilia fritillarioidea*, Lis ressemblant à des Fritillaires, pour cette plante, ainsi que pour le *Lilium camtschatoense* L. et deux autres ; pourquoi Kunth (*Enumeratio*, IV) n'a pas hésité à transporter ces mêmes plantes parmi les Fritillaires ; pourquoi W. Hooker pensait qu'on pourrait faire du *Lilium ? pudicum* Pursh le type d'un genre particulier ; enfin pourquoi Rafinesque avait en effet proposé de baser sur cette espèce l'établissement du genre *Amblirion*, semblable presque certainement à celui que Bernhardi admettait sous le même nom pour les Lis dépourvus de sillon nectarifère. Quoi qu'il en soit à cet égard, il semble parfaitement légitime de retrancher du genre Lis l'espèce nord-américaine dont il s'agit.

En résumant ce qu'on a lu plus haut (voyez, p. 11-12 et p. 17), on peut dire qu'au commencement de ce siècle on connaissait quatre espèces de Lis propres aux États-Unis et au Canada. A l'exemple de M. Asa Gray (*Manual of the botany of the northern United States* [1856], p. 470-471), on peut subdiviser ces quatre espèces en deux catégories : 1° celles dont la fleur est dressée, campanulée, avec les folioles du périanthe rétrécies inférieurement en onglet ; ce sont le *Lilium philadelphicum* L. et le *L. Catesbœi* Walt. ; 2° celles dont la fleur est penchée ou pendante, plus ou moins campanulée, mais avec les folioles du périanthe sessiles et révolutées ; ce sont le *L. canadense* L. et le *L. superbum* L. Le nombre de ces espèces ne paraît pas avoir été positivement augmenté jusqu'à ce jour ; toutefois on a découvert successivement diverses plantes qui, bien qu'étant regardées généralement comme de simples variétés, méritent de fixer un instant l'attention.

Le Lis de Philadelphie, *Lilium philadelphicum* L., est une charmante plante, qui croît assez fréquemment dans les taillis, à la lisière des bois, et qui s'étend du Canada jusqu'à la Caroline du sud. Il atteint $0^m 65$ à un mètre de hauteur. Sa tige arrondie, lisse et glabre, terminée le plus souvent par une seule fleur, plus rarement par deux ou même trois, porte des feuilles nombreuses, lancéolées, glabres, pointues, rétrécies à la base et sessiles, bordées de très-petites dentelures scarieuses qui en rendent les bords rudes au toucher, de couleur pâle à leur face inférieure où se montrent trois nervures fines ; les inférieures de ces feuilles sont alternes, tandis que toutes les autres sont verticillées par 5-8 ; elles ont, en moyenne, $0^m 05$-$0^m 06$ de longueur sur $0^m 008$-$0^m 010$ de largeur ; parfois ces verticilles sont entremêlés de feuilles alternes ou tendant à devenir aussi verticillées. La fleur (ou les fleurs) est dressée, campanulée plus ou moins ouverte, d'une charmante couleur orangée qui passe à des teintes rouges même vives, et qui, vers l'onglet, s'affaiblit plus ou moins ou devient jaune et présente de plus des macules assez grandes, éparses, brun-rouge noirâtre ; à l'extérieur, la couleur en est plus pâle et elle est comme glacée d'un ton verdâtre, sur la portion moyenne des folioles du périanthe ; celles-ci ont un limbe oblong-lancéolé, à sommet obtus, qui passe assez brusquement, dans le bas, à un onglet dont la longueur atteint presque la moitié de celle du limbe ; elles sont longues au total de $0^m 06$-$0^m 07$, larges au maximum de $0^m 012$-$0^m 015$. Les étamines, d'un quart plus courtes que le périanthe, ont le filet subulé, très-grêle au sommet, l'anthère oblongue, le pollen jaune. Le pistil dépasse un peu les étamines ; son ovaire étroit et allongé, vert, est presque aussi long que le style dont la couleur est brun-rouge clair, et que surmonte un gros stigmate trilobé. M. Torrey en décrit la capsule comme oblongue, longue d'environ $0^m 03$, à trois angles obtus (*A Flora of the State of New-York*, in-4°, II, p. 305 ; 1843). On dit que cette charmante espèce a été introduite en Angleterre, en 1757, par J. Bartram qui l'envoya à Ph. Miller.

Nuttall a signalé, depuis longtemps (1847) une plante qu'il proposait d'admettre comme une espèce à part sous le nom de *L. andinum* (Lis des Andes), et dont le caractère essentiel consiste en ce que sa tige, au lieu d'être uniflore, comme chez le *L. philadelphicum* vrai, se termine par une ombelle de 4 ou 5 fleurs ; en outre, ses feuilles se montrent, sur la même tige, les unes verticillées, les autres alternes; mais trois années auparavant, Pursh (*Fl. Amer. sept.*, I, p. 229) avait nommé cette même plante *L. umbellatum*, d'après des échantillons trouvés par Nuttall et Lewis. Cette dernière dénomination et cette distinction ont été adoptées par Rœmer et Schultes (*Syst. veget.*, VII, p. 411). D'un autre côté, Sprengel a montré que ce n'est là qu'une simple variété du Lis de Philadelphie, et cette manière de voir a été adoptée dans le *Botanical Register* (pl. 594), ainsi que par la généralité des botanistes. La plante dont il s'agit doit donc, au total, être nommée *Lilium philadelphicum* L., var. *andinum*.

Je dois à M. Max Leichtlin la connaissance d'une autre plante remarquable à plusieurs égards, qu'on regarderait presque certainement comme une espèce particulière, distincte du *Lilium philadelphicum*, si on la considérait isolément; mais qui néanmoins me semble être uniquement une variété, bien tranchée, à la vérité, du Lis de Philadelphie. Comme elle a été trouvée, aux États-Unis, dans le comté de Wanshara, qui fait partie de l'état de Wisconsin, elle figure sur quelques catalogues d'horticulteurs sous le nom de *Lilium wansharaicum* ou *wansharicum*. M. Leichtlin a bien voulu m'en envoyer, en juin 1869, un bel échantillon frais et fleuri, eu même temps que des sépales et pétales séparés, frais également; j'ai pu ainsi en faire une comparaison attentive avec des pieds tant frais que secs du *Lilium philadelphicum* type. Or, celui-ci tirait, pour Linné, ses caractères essentiellement distinctifs de ses feuilles *verticillées* (plus exactement rapprochées en faux-verticilles), courtes relativement à leur longueur, ainsi que par ses fleurs campanulées, à folioles rétrécies inférieurement en onglet (foliis verticillatis brevibus, corollâ campanulatâ, petalis unguiculatis Linn. *Spec. pl.*); dans le Lis du Wanshara, ce qui frappe au premier coup d'œil, c'est que les feuilles sont toutes *alternes*, sauf les 5 ou 6 supérieures qui sont rapprochées en un faux-verticille à la base de la portion supérieure de la tige qu'on peut regarder comme le pédoncule floral; qu'elles sont en outre toutes fort étroites (0$^m$003-0$^m$004 sur 0$^m$05, au lieu de 0$^m$01 sur 0$^m$05). Mais cette différence notable dans la disposition des feuilles perd beaucoup de sa valeur réelle en raison des intermédiaires qui en rattachent graduellement l'un à l'autre les deux termes extrêmes. Ainsi les pieds de *Lilium philadelphicum* le mieux caractérisés n'ont que leurs feuilles supérieures disposées en verticilles qui sont le plus souvent au nombre de 3; leurs feuilles inférieures qui sont, il est vrai, peu nombreuses, sont toujours alternes; j'ai même vu, sur certains pieds, des verticilles plus ou moins complétement démembrés et par conséquent des feuilles devenant alternes entre des verticilles qui étaient restés réguliers. La réunion de feuilles alternes et de feuilles verticillées sur la même tige devient habituelle dans le *L. philadelphicum* L. var. *andinum*; il n'y a donc plus qu'un pas à faire pour arriver à l'état que nous offre le *L. philadelphicum* L. var. *wansharaicum*, état dans lequel toutes les feuilles sont alternes, sauf les supérieures qui, rapprochées en un verticille au-dessous de la fleur, rappellent encore par cette particularité l'un des caractères essentiellement distinctifs de l'espèce. On voit donc, au total, que la différence principale qui existe entre le Lis de Philadelphie type et le Lis du Wanshara, c'est l'étroitesse beaucoup plus grande des feuilles de ce dernier. Aussi, comme un nom tiré d'une localité circonscrite n'a aucune valeur réelle, je crois qu'il serait convenable de remplacer la dénomination de *wansharaicum* par celle d'*angustifolium* tirée du caractère le plus saillant de cette plante qui deviendrait ainsi le *Lilium philadelphicum* L. var. *angustifolium*. Ajoutons que la fleur de cette remarquable variété, comparée à celle du Lis de Philadelphie type, n'offre que des différences d'une faible importance; la couleur en est un peu plus claire, plus orangée, et les macules ou très-gros points rouge-brun noirâtre y sont sensiblement moins nombreux, ramassés vers la base des sépales et des pétales; le pistil paraît, d'un autre côté, y être un peu plus long, puisqu'il dépasse légèrement les folioles du périanthe, dans mon échantillon, tandis que je le vois toujours sensiblement plus court que ces mêmes folioles sur tous mes échantillons spontanés ou cultivés du *Lilium philadelphicum* type.

Un nom spécifique basé, paraît-il, sur une simple erreur géographique pourrait faire croire à l'existence, dans les Etats-Unis, d'une espèce de Lis différente de celles que j'ai indiquées jusqu'à présent comme spontanées dans ces vastes contrées; en effet, Gawler a signalé et figuré, dans le *Botanical Magazine* (pl. 872)

une espèce qu'il a nommée Lis de Pennsylvanie, *L. pennsylvanicum*
Gawl. ; mais, bien que Pursh ait dit avoir trouvé cette plante dans
les montagnes de la Pennsylvanie et de la Virginie, aucun floriste
postérieur n'est venu confirmer cette indication et il semble
parfaitement établi que ce Lis n'est pas américain, mais sibérien.
Au reste, ce n'est pas une espèce distincte et séparée, mais seulement, comme l'ont montré Sprengel, surtout Roemer et Schultes
et plus récemment Kunth, un synonyme du *Lilium davuricum*
Gawl., qui rentre lui-même dans le *L. spectabile* Fisch., dont
il a été question plus haut (voyez p. 23). Il n'est pas inutile
de faire observer à ce propos que cette même plante a reçu
de différents botanistes des noms divers qui constituent pour elle
autant de synonymes ; c'est ainsi notamment qu'elle a été appelée
à tort, en 1832, *Lilium Catesbæi* par Bouché (*Hort. Bouchean.*),
*L. philadelphicum*, dans le catalogue du Jardin botanique de Berlin
pour 1839, etc.

Loddiges a figuré et succinctement caractérisé, dans son *Botanical cabinet*, n° 335, un Lis qu'il a nommé Lis automnal, *Lilium
autumnale* Lodd. C'est, dit-il, une plante spontanée en Floride,
ne dépassant guère 0ᵐ 30 de hauteur, dont les feuilles lancéolées-
larges, trinervées, fortement ondulées, sont en partie verticillées
par 3 ou 4, en partie éparses ; en septembre et octobre, sa tige
donne, à son extrémité, une seule fleur pendante, révolutée,
inodore, qui dure longtemps. Mais déjà Nuttall, qui avait observé ce Lis sur les montagnes de la Caroline du nord, où il
l'avait vu toujours uniflore, ne doutait pas que par la culture il ne
devînt multiflore, et le déclarait très-voisin du Lis superbe. Roemer
et Schultes (*Syst. veget.*, VII, p. 404) n'ont pas hésité à le ranger
parmi les synonymes de leur *Lilium Michauxianum* qui lui-même
n'est qu'un autre nom donné au *L. carolinianum* Michx. Or si,
comme je l'ai dit plus haut (voyez p. 17), le *L. carolinianum*
Michx. n'est qu'une variété du *L. superbum* L. plus réduite
que le type, ce que De Candolle a exprimé depuis longtemps, dans
les *Liliacées* de Redouté (pl. 103), quand il a nommé la plante de
Michaux *Lilium superbum* L. β *uniflorum* ; il résulte de là au total,
que le nom de *L. autumnale* Lodd. se rattache comme synonyme au
*L. superbum* L. Du reste, cette réunion est adoptée par l'autorité

la plus compétente en matière de plantes des États-Unis, M. Asa
Gray, qui déclare (*Manual of the Bot. of the N. United States*,
2° édit., p. 471) que le *L. carolinianum* Michx. paraît être simplement une variété du *L. superbum* L.

Toutefois si le *Lilium corolinianum* Michx. (*Fl. bor. amer.*, I,
p. 197, — *L. Michauxii* Poir., *Encyc.*, *Suppl.*, III, p. 457, —
*L. Michauxianum* Roem. Schult., *Syst. veget.*, VII, p. 258) rentre
dans le *L. superbum* L. par ses feuilles lancéolées, entièrement
glabres, surtout par ses fleurs identiques avec celles de cette dernière espèce au point de vue de leur forme très-ouverte et révo-
lulée, ainsi que de leur coloration qui est jaune-orangé dans la
moitié inférieure où se trouvent de gros points épars rouge-brun
noirâtre, rouge tirant sur l'orangé dans la moitié supérieure, il
forme certainement une variété fort remarquable de cette espèce
en raison de ses fleurs le plus souvent solitaires, surtout de ses
feuilles rapprochées presque toutes en verticilles espacés. Sous
ce rapport, il constitue un intermédiaire entre le Lis superbe et
le Lis du Canada. En effet, le premier n'a d'ordinaire que ses feuilles
inférieures rapprochées en verticilles peu nombreux, et toutes
celles qui se trouvent plus haut sur la tige sont alternes ; mais différents échantillons bien caractérisés m'offrent des verticilles in-
complets, quelques-uns même complets à diverses hauteurs sur la
tige ; quant au second, il se distingue essentiellement par ses
feuilles verticillées ; mais j'y remarque aussi, dans certains cas,
quelques feuilles alternes entremêlées aux verticilles. Il n'y a donc
rien de rigoureusement distinctif dans la disposition des feuilles
chez le *Lilium superbum* L. et le *L. canadense* L., et, en somme, le
Lis de la Caroline distingué comme une espèce à part par Michaux,
Poiret, Roemer et Schultes, réuni purement et simplement au
*L. superbum* L. par divers botanistes modernes, devient pour
moi le *L. superbum* L., var. *carolinianum*. Il me semble en effet
que le nom de *L. superbum* L. var. *uniflorum* adopté par De Candolle dans les Liliacées de Redouté, a un sens trop restreint, puisque
j'ai sous les yeux un échantillon bien caractérisé qui porte trois
fleurs.

Au total, les États-Unis ne se sont à peu près point enrichis en
Lis nouveaux depuis l'époque déjà éloignée où Linné publiait son

*Species*, ou tout au moins depuis celle où Michaux faisait paraître sa Flore de l'Amérique du Nord ; toutefois deux des espèces établies par Linné, *Lilium canadense* L. et *superbum* L., ont fourni quelques variétés dont je crois devoir signaler les plus remarquables. En outre, ces deux espèces ayant été caractérisées incomplétement, au commencement de ces *Observations* (voyez plus haut p. 11-12), d'après les très-concises diagnoses du *Species plantarum*, il me semble nécessaire d'ajouter ici quelques nouvelles indications à leur sujet.

Le Lis du Canada, *Lilium canadense* L., croît dans les prairies humides et les marais, depuis le Canada jusqu'à la Virginie, mais plus fréquemment vers le nord que vers le midi. Sa taille s'élève jusqu'à un mètre. Sa tige arrondie, glabre, toujours verte, porte des feuilles nombreuses, rapprochées par 4-8 en verticilles espacés, mais dont assez souvent un petit nombre restent alternes ; ces feuilles sont lancéolées, acuminées, rétrécies à la base, d'un vert pâle à leur face inférieure où font saillie 3-5 nervures hérissées, ainsi que les deux bords, de petits poils courts et roides. Les fleurs, au nombre de 3-5 le plus souvent, de grandeur moyenne, forment une sorte d'ombelle et terminent chacune un long pédoncule presque dressé, mais recourbé vers le sommet de manière à les rendre pendantes, qui porte ordinairement une feuille bractéale vers sa partie moyenne ; leur couleur varie du jaune à l'orangé plus ou moins rouge et au rouge cocciné ; elles offrent à leur face interne et même à l'extérieur vers les bords, des points nombreux, d'un rouge-brun plus ou moins foncé ; leur forme générale est en cloche assez resserrée dans sa moitié inférieure et graduellement évasée jusqu'au limbe qui s'étale ou même se rejette quelque peu en dehors sans être jamais révoluté ; les folioles du périanthe sont aiguës au sommet, ployées en gouttière vers le bas, lancéolées ; les étamines, à pollen orangé, sont d'un tiers environ plus courtes que le périanthe, et à peu près de même longueur que le pistil. — Ainsi : taille d'un mètre au plus ; tige verte ; feuilles verticillées, à bords et nervures ciliés ; fleurs médiocrement nombreuses, ombellées, pendantes, en cloche à tube assez long et peu ample, non révolutées ; tels sont les caractères essentiellement distinctifs de cette charmante espèce.

La couleur générale des fleurs et quelques autres particularités d'une importance secondaire ont fait distinguer dans le Lis du Canada, quelques variétés dont voici les principales :

Lis du Canada à fleur jaune, *L. canadense* L. *flavum, Bot. Mag.*, pl. 800. (*Fl. des serr.*, pl. 4474), charmante plante qui donne généralement deux ou trois fleurs longues et larges à l'ouverture d'environ 0ᵐ 055, colorées en beau jaune vif et uniforme, tirant quelque peu sur l'orangé; parfois cette teinte générale passe plus ou moins au rouge-brique.

Lis du Canada à fleurs rouges, *L. canadense* L. *floribus rubicundis, Bot, Mag.*, pl. 858 (*L. penduliflorum* CELS, *Cat.* — RED., *Lil.*, pl. 105. — *L. pendulum* HORT.; SPAE, *Lis*, n° 27. — *L. canadense* β RED., *Lil.*, pl. 304). Cette plante, considérée comme une espèce distincte d'abord par Cels, à qui en est due l'introduction, puis par Spae et par M. de Cannart d'Hamale, est au contraire classée et, ce me semble, avec raison, comme une simple variété du Lis du Canada par Roemer et Schultes (*loc. cit.*, p. 403), et par Kunth (*Enumer.*, IV, p. 258). Ses fleurs, dont le nombre varie beaucoup, sont colorées en rouge-orangé avec la portion centrale jaune, et ponctuées.

M. W. Bull, de Chelsea, porte sur son Catalogue un *Lilium canadense superbum* que je ne connais pas, et qui sans doute est une simple variété horticole, remarquable pour l'abondance et la beauté de ses fleurs. Au reste, ainsi que le dit avec raison M. Leichtlin, dans une de ses lettres, « le Lis du Canada, de même que les » *L. philadelphicum* L. et *superbum* L., est extrêmement variable » pour la forme et surtout pour la coloration de ses fleurs. »

La variété la plus tranchée du *Lilium canadense* L. est celle que Torrey croyait devoir ériger en espèce sous le nom de *L. puberulum*, et que M. Wood (Alphonse) nomme *Lilium canadense* β *puberulum*. On a vu que M. Leichtlin la porte sur le catalogue de sa collection avec le signe de la certitude quant à la détermination spécifique proposée par Torrey, et qu'il en fait suivre le nom des deux lettres *n*, *r*, qui en indiquent la nouveauté et la beauté. Pour moi, ne la connaissant nullement, je me bornerai à traduire ici ce qu'en dit M. Wood dans son Mémoire sur les Liliacées de l'Orégon et de la Californie (*Proceedings of the Acad. of Natur.*

*Scienc. of Philadelphia*, 1868, p. 166). D'ailleurs, je dois faire observer que, si j'en parle ici, c'est pour la rattacher à l'espèce à laquelle elle paraît appartenir, car sa patrie est la Californie et l'Orégon, depuis la rivière Yuba au sud jusqu'au fleuve Columbia ou Orégon au nord. Plante « grande (3-4 pieds angl.), élancée ; » tige et pédoncules couverts d'un duvet court ; feuilles les unes » opposées, les autres verticillées, souvent quelques-unes éparses ; » fleurs peu nombreuses (souvent une seule), à segments d'un » jaune-orangé, ponctués de brun, oblongs, réfléchis jusqu'au mi- » lieu de leur longueur ; anthères oblongues ; stigmate entier, » trilobé. — Fleurs grandes, belles, au nombre de 1 à 7, se mon- » trant en juin et juillet. » J'ajouterai que, dans une note ma- nuscrite, M. Leichtlin indique ce même Lis comme haut de 0ᵐ40, et comme ayant de fort belles fleurs en forme de « très-larges clo- chettes orangées et tigrées de noir. »

Le Lis superbe, *Lilium superbum* L. (*Spec. pl.*, p. 434. — CATESBY, *Carol.*, II, p. 56, pl. 56. — *Bot. Mag.*, pl. 936. — RED., *Lil.*, pl. 104), croît assez communément dans les bonnes terres basses et fraîches de l'Amérique du nord, depuis le Canada jusqu'à la Virginie. C'est une grande et belle plante qui peut atteindre, dépasser même quelquefois deux mètres de hauteur. Sa tige, ordinairement colo- rée en rouge brunâtre, glabre, est arrondie dans le bas, légèrement anguleuse dans le haut ; elle porte des feuilles nombreuses, lancéo- lées presque linéaires, acuminées, rétrécies à la base, d'un vert pâle à leur face inférieure où se montrent en saillie générale- ment trois, quelquefois cinq nervures lisses et glabres, ainsi que le sont les bords qui se reploient quelque peu en dessous ; de ces feuilles les 8-10 inférieures sont disposées en 2-3 ver- ticilles, les autres sont alternes. Les fleurs, le plus souvent au nombre de 5 6, mais arrivant jusqu'à 30 ou même jusqu'à une cinquantaine, forment une grappe pyramidale, et terminent chacune un pédoncule assez long, presque dressé, pourvu d'ordi- naire vers son milieu d'une feuille bractéale, et se courbant plus ou moins vers l'extrémité pour les rendre penchées ; elles sont sensiblement odorantes ; leur couleur varie beaucoup, du jaune au rouge, et elles offrent dans leur moitié centrale, moins vivement colorée que le reste, de gros points et macules rouge-brun foncé qui manquent entièrement sur la moitié externe ; les folioles du périanthe sont lancéolées-larges, surtout les 3 intérieures ou les pétales, acuminées au sommet, faiblement rétrécies à la base peu au-dessus de laquelle elles ne tardent pas à se recourber fortement pour se rejeter en dehors et devenir même enfin fortement révolutées ; elles ont d'ordinaire $0^m$ 06-$0^m$ 07 de long sur $0^m$ 012-$0^m$ 018 de largeur maximum. Les étamines, à filets grêles, divergents vers leur extrémité et à anthères oblongues, contenant un pollen orangé-brunâtre, sont d'un tiers environ plus courtes que le périanthe et un peu dépassées par le pistil dont le style grêle supporte un gros stigmate trilobé. — Au total, la haute tige généralement rougeâtre du *Lilium superbum* L.; ses nombreuses feuilles alternes, sauf les inférieures, et entièrement glabres ; ses fleurs nombreuses, disposées en grappe, non campanulées mais révolutées, dans lesquelles les folioles du périanthe sont assez larges, longuement et graduellement resserrées en pointe vers le sommet, mais à peine rétrécies vers leur base ; enfin son gros stigmate surmontant un style grêle, forment les caractères nettement distinctifs de cette belle espèce.

A part la plante dont j'ai parlé plus haut, qui a été considérée par Michaux, Poiret, Roemer et Schultes comme une espèce distincte et séparée, à laquelle ont été donnés successivement par ces botanistes les noms de *Lilium carolinianum*, *Michauxii*, *Michauxianum*, et qui a été mentionnée ici comme le *Lilium superbum* L., var. *carolinianum*, le Lis superbe n'a donné, à ma connaissance, que des variétés horticoles distinguées uniquement par des proportions plus ou moins fortes, par la diversité de coloration de leurs fleurs. La plus brillante sans contredit de ces variétés horticoles est celle qui, connue depuis longtemps déjà dans les jardins, a été signalée par Spae (Lis, n° 28) sous le nom de *L. superbum* L. β *pyramidale* HORT. Dans les jardins, on modifie assez souvent cette dénomination de *pyramidale* en celle de *pyramidatum*. C'est une magnifique et très-forte plante dont la tige peut atteindre 2 mètres et même $2^m$ 50 de hauteur, et qui développe une splendide inflorescence pyramidale, haute de $0^m$ 50, comprenant de 30 à 50 fleurs jaune d'or dans le centre, rouges dans le reste de leur étendue.

Quant à la diversité de coloration que sont susceptibles d'offrir les fleurs de cette belle espèce, même quand elle croit spontanément dans sa patrie, elle est vraiment remarquable. Voici ce que m'écrivait à ce sujet M. Leichtlin. « Quand on voit en fleurs une » plate-bande de Lis superbes des variétés qui sont importées par » milliers de pieds en Europe, on ne saurait se faire une idée de la » beauté des pyramides florales de certaines de celles qui croissent » dans la Caroline du sud ; celles-ci, au lieu de fleurs d'un rouge » un peu terne et d'un jaune sale, nous offrent les couleurs les plus » vives depuis le jaune d'or jusqu'au carmin plus ou moins poin» tillé, et ces mêmes fleurs, si riches de coloris, sont de moitié » plus grandes que celles des variétés communes. »

2° *Lis du versant Pacifique ou croissant à l'ouest des montagnes Rocheuses.* — (1)

Les contrées qui s'étendent entre les montagnes Rocheuses et le grand Océan pacifique n'ont été explorées, au point de vue des

---

(1) Au mois de septembre 1870, lorsque commença l'investissement de Paris par les Allemands, et, par suite son isolement complet du reste du monde, il avait déjà paru quatre fragments de mes *Observations sur le genre Lis*. La suite de cet essai était, à cette date, en presque totalité, non-seulement rédigée, mais encore composée; le peu qui restait à y ajouter, a été écrit après ma rentrée à Paris effectuée le 13 mars, c'est-à-dire pendant que le règne trop long de la Commune insurrectionnelle avait ramené l'isolement complet de notre malheureuse capitale. On sait que les communications postales n'ont pu être rétablies, surtout pour les imprimés, qu'assez longtemps après l'entrée de l'armée libératrice, et que dès lors l'isolement a continué, à ce point de vue, jusque vers le milieu du mois de juin. C'est alors seulement que j'ai eu connaissance de la publication de deux travaux d'un grand intérêt, faite, pour l'un, à Berlin, par M. le professeur Karl Koch, pour l'autre, à Londres, par M. Baker. Le premier de ces travaux est un relevé développé des espèces connues de *Lilium*, avec de savantes observations sur la spécification et la synonymie de ce beau genre; il a paru dans les numéros du *Wochenschrift* qui portent la date du 30 juillet, des 6, 13, 20 et 27 août 1870, et qui ne sont arrivés à Paris que depuis moins d'un mois; il est intitulé : *Das Geschlecht der Lilien* (Le genre des Lis); l'autre est en cours de publication dans le *Gardeners' Chronicle*; mais comme il manque encore, au moment présent (18 juillet 1871), dans les collections de ce recueil que j'ai sous les yeux, soit dans la bibliothèque de la Société centrale d'Horticulture de France, soit dans celle de la Société botanique de France,

végétaux qui y croissent naturellement que depuis un petit nombre d'années ; encore ne l'ont-elles été que fort incomplétement, de telle sorte qu'on doit espérer beaucoup des recherches qui pourront y être faites à l'avenir. Pour les Lis en particulier, les espèces qu'on a déjà trouvées dans cette partie de l'Amérique du nord sont, pourrait-on dire sans crainte d'être taxé d'exagération ou d'erreur, encore au moment présent à peu près inconnues en Europe : trois d'entre elles seulement ont été signalées par le docteur Kellogg, en 1859 et 1862, à l'Académie des Sciences naturelles de San-Francisco, et la description en a été publiée, en 1863, dans les actes ou *Proceedings* de ce corps savant, recueil tellement rare en France que toutes mes recherches ne m'en ont fait découvrir que quelques cahiers détachés, dans l'une des grandes bibliothèques publiques de Paris. Quant aux autres, j'ai lieu de croire qu'elles sont inédites. J'ajouterai que l'introduction de ces plantes en Europe est due à M. Leichtlin qui, pour les obtenir, n'a pas reculé devant de très-grands sacrifices. Je suis heureux de pouvoir

---

tous les numéros publiés depuis le 10 septembre 1870 jusqu'au commencement du mois de mars 1871, j'ignore quand il a commencé de paraître et de combien d'articles il a déjà fourni la matière; je vois seulement trois de ces articles dans les cahiers du *Gardeners' Chronicle* pour les mois de mars, avril, mai, juin et le commencement de juillet 1871. Sous le simple titre de : *A new Synopsis of all the known Lilies* (Nouveau synopsis de tous les Lis connus), M. Baker nous donne une vraie monographie méthodique du genre Lis, en y intercalant même au besoin des figures gravées sur bois, comme il vient de le faire pour le *Lilium Washingtonianum* KELL., de Californie.

J'ai cru devoir présenter aujourd'hui ces détails pour montrer comment, par un cas de force majeure, je me suis trouvé dans l'impossibilité de profiter des excellentes et nombreuses observations consignées dans les deux importants mémoires que je viens de citer, de faire même mention de ces deux écrits dans tout le cours du mien. J'en éprouve un vif regret; mais j'aurai soin de combler ces lacunes et de réparer ce tort involontaire si jamais il m'est donné d'écrire relativement au genre Lis un travail moins imparfait que celui que j'ose mettre en ce moment sous les yeux du public, et dont je n'ai jamais eu la prétention de faire autre chose qu'un cadre dans lequel pussent entrer quelques observations sur l'histoire, la description, la synonymie et la morphologie des Lis.

(*Note ajoutée par l'auteur le 18 juillet 1871, et accompagnant le 7e article, cahier d'avril-mai 187*, *publié le 31 juillet 1871*).

signaler ici publiquement le service important que cet amateur distingué a rendu, en cette circonstance, à la botanique et à l'horticulture.

Le Lis Léopard, *Lilium pardalinum* KELLOGG (*Proceedings of the California Academy of natural Sciences*, II [publié en 1863], p. 12-13), paraît avoir été d'abord considéré comme une simple variété du *L. cadanense* L.; mais M. Kellogg, après en avoir fait, dit-il, l'objet d'observations comparatives sur des pieds venus à l'état spontané, et après l'avoir cultivé pendant plus de cinq années, s'est convaincu qu'il forme une espèce distincte et séparée. Ce beau Lis est rustique à un haut degré, et il se multiplie de caïeux avec une abondance probablement sans égale dans le genre. En effet, dit M. Kellogg, la production annuelle de bulbes est aussi abondante pour lui que celle des tubercules pour la Pomme de terre. Ce botaniste exprime l'avis que, des lavages convenables pouvant débarrasser ces oignons cuits d'une amertume qui leur est naturelle, la culture en tirerait un utile supplément de matière alimentaire dans les pays plus ou moins froids, particulièrement dans les localités humides et habituellement improductives des pays septentrionaux.

N'ayant pas eu occasion d'observer le Lis Léopard, j'emprunterai les détails descriptifs suivants, qui le concernent, à la description malheureusement assez incomplète de M. Kellogg.

La taille de la plante et les caractères de sa tige ne sont pas indiqués par ce botaniste. Les feuilles sont disposées en verticilles espacés (par 9-12 à chacun), mais seulement dans la portion moyenne de la tige, car celles du haut et du bas sont alternes; les inférieures sont spatulées, obtuses, couvertes d'une efflorescence farineuse; toutes les autres sont lancéolées (longues de $0^m 10$-$0^m 13$, larges de $0^m 025$), acuminées, recourbées, obscurément veinées, mais parcourues par 3-5 nervures saillantes et glabres, un peu rudes sur les bords. Les fleurs sont orangées dans leur portion centrale où sont éparses les grosses macules rouge-brun foncé qui ont valu à l'espèce le nom qu'elle porte; elles sont d'un beau rouge vif à limite tranchée, dans leur moitié périphérique; elles sont nombreuses, portées sur de longs pédoncules qui s'élèvent en formant une courbe gracieuse et qui se

recourbent avec roideur dans leur partie supérieure de manière à
les rendre pendantes ; il s'en trouve une à trois au sommet de la
tige, et celles qui sont placées plus bas forment des verticilles par
4-6 à chacun ; leur forme générale est campanulée-large, fortement révolutée ; les étamines et le pistil sont égaux en longueur
et le stigmate n'est pas divisé. — On voit que les principaux caractères distinctifs du *Lilium pardalinum* KELL. sont : ses feuilles
verticillées sur la portion moyenne de la plante, lancéolées-larges,
recourbées, à nervures glabres et à bords un peu rudes ; ses fleurs
nombreuses, en plusieurs verticilles, pendantes, de forme à la fois
campanulée et fortement révolutée.

Le Lis mignon, *Lilium parvum* KELLOGG (*Proceed. of the californ.
Acad. of nat. scienc.*, II, p. 179, fig. 52), a été introduit en Europe en 1868 et 1869. Il croît naturellement dans le territoire de
Nevada, c'est-à-dire à l'est de la chaîne de la Sierra Nevada. C'est
une gracieuse plante qui paraît susceptible d'être notablement
modifiée dans ses dimensions et son port par la culture, puisque
M. Leichtlin m'écrivait, en juin 1870 : « Dans la même plate-
» bande, j'ai des pieds de ce Lis tout trapus à côté d'autres beau-
» coup plus élancés. » J'ai reçu, le 13 juin 1870, de mon obligeant
correspondant de Carlsruhe un pied frais et fleuri de cette espèce
qui me permettra de compléter, à divers égards, la description
succincte qui en a été publiée par le docteur Kellogg.

Le *Lilium parvum* KELL. est haut de 0<sup>m</sup> 50 ou un peu plus,
d'après Kellogg, mais il reste souvent beaucoup plus bas, à en juger, soit par l'échantillon de M. Leichtlin, soit même par la
figure qu'en donne le botaniste américain. La tige en est arrondie,
mais relevée de lignes faiblement saillantes qui descendent des
feuilles, grêle, glabre, droite et simple, généralement remarquable parce qu'elle est tordue en vis. Les feuilles sont nombreuses, alternes, parfois aussi quelques-unes verticillées (1),
oblongues-lancéolées, rétrécies aux deux extrémités, un peu ob-

(1) Sur l'échantillon que je dois à M. Leichtlin, vers le milieu de la
tige se trouve un verticille isolé, formé de 6 feuilles, au-dessous duquel
se montrent deux feuilles opposées qui semblent indiquer un essai d'un
deuxième verticille.

luses au sommet, sessiles mais non embrassantes, un peu rudes surtout aux bords par l'effet de denticules visibles à la loupe, un peu épaisses et molles, sans nervures saillantes à l'état frais, longues, en moyenne, de 0ᵐ 04 sur 0ᵐ 01; elles diminuent beaucoup de longueur et s'espacent notablement dans le haut de la tige. Les fleurs sont au nombre de 5 à 9, presque inodores, petites, dressées, portées sur des pédoncules dressés, grêles et nus, généralement beaucoup plus longs qu'elles; mon échantillon n'a que 3 fleurs ombellées; quand elles sont plus nombreuses, les 3 inférieures sont verticillées et les autres opposées ou alternes (Kellogg) : périanthe tubulé-campanulé, à limbe assez court, réfléchi ou faiblement révoluté, jaune-orangé à la base, se teignant ensuite de plus en plus nettement de rouge, pour passer au rouge-pourpre à l'extrémité; sauf l'onglet qui est jaune-orangé clair et l'extrémité supérieure qui est rouge, toute la portion moyenne est semée de macules oblongues, rouge-brun foncé; sépales oblongs-lancéolés, obtus, rétrécis inférieurement en un onglet canaliculé (0ᵐ 029 sur 0ᵐ 005); pétales à peine plus courts et un peu plus étroits que les sépales (0ᵐ 028 sur 0ᵐ 004), faiblement rétrécis à leur tiers inférieur, puis élargis plus bas comme en 2 ailes qui s'effacent peu à peu vers la base même, disposition qu'on peut exprimer par les mots d'onglet ailé; étamines d'un quart plus courtes que le périanthe, à filet grêle, subulé, et anthère courte, ovoïde-arrondie, brune, avec le pollen orangé; pistil un peu dépassé par les étamines, ayant l'ovaire obtus, prismatique à 3 faces planes et à 3 angles obtus qui sont ponctués de rouge-brun sur fond vert, le style droit, près de deux fois plus long, assez grêle, pâle, et le stigmate épais, orangé-brunâtre, trilobé. — En somme, le *Lilium parvum* KELL., se reconnaît surtout à ses feuilles oblongues-lancéolées, fortement rétrécies aux deux bouts, alternes, un peu rudes au toucher; à ses 3-9 fleurs dressées, petites, longuement pédonculées, tubulées-campanulées à limbe faiblement révoluté, jaune-orangé au centre, passant au rouge-pourpre vers la périphérie, ponctuées dans leur portion moyenne, dans lesquelles les trois pétales ont l'onglet ailé.

Le Lis de Lady Washington, *Lilium Washingtonianum* KELLOGG (*Proceed. of the calif. Acad. of natural Scienc.*, II, p. 13-14. —

Wood (Alphonso), A sketch of the natural order Liliaceæ, *Proceed. of the Acad. of nat. Scienc. of Philadelph.*, cahier nº 3 de 1868, p. 166), avait été découvert depuis déjà un assez grand nombre d'années par le Dr Kellogg qui, le 11 novembre 1854, en avait montré à l'Académie californienne des Sciences naturelles un échantillon fleuri desséché, ainsi qu'une figure, mais sans aucune indication de caractères. C'est seulement le 1er août 1859 que ce botaniste en présenta au même corps savant une description qui a été imprimée en 1863. Une particularité historique fort curieuse et dont j'avoue que l'explication me semble difficile, c'est que, dans son mémoire intitulé : Esquisse de l'ordre naturel des Liliacées tel qu'il est représenté dans la flore des États de l'Oregon et de la Californie (A sketch of the natural order Liliaceæ, etc.), qui a paru dans le 3e cahier pour 1868 des Actes de l'Académie des Sciences naturelles de Philadelphie (p. 165-174), M. Alph. Wood caractérise succinctement la même espèce de Lis, sous le même nom de *Lilium Washingtonianum*, mais en faisant suivre ce nom de l'indication *n. sp.* (nouvelle espèce) comme si c'était une plante inconnue avant lui et qu'il eût nommée le premier! Il est cependant bien évident que M. Kellogg a sur ce dernier savant au moins cinq années d'antériorité.

Le beau Lis de Lady Washington croît naturellement dans la chaîne californienne de la Sierra Nevada ; d'après M. Alph. Wood, on le trouve dans les bois, çà et là depuis Yosemite jusqu'au fleuve Columbia. L'introduction en Europe en est due à M. Leichtlin qui a dû faire, dans ce but, un sacrifice bien capable d'effrayer un amateur moins enthousiaste. Cet obligeant correspondant a bien voulu me communiquer d'abord une petite photographie d'un bouquet de fleurs de cette magnifique espèce, ensuite une tige fraîche fleurie, qui m'a permis d'en vérifier les caractères sur le vivant.

La tige du *Lilium Washingtonianum* Kellogg s'élève ordinairement à un mètre ou 1ᵐ 25 ; elle peut même atteindre jusqu'à deux mètres de hauteur, d'après une note manuscrite de M. Leichtlin ; elle est dressée, arrondie, lisse et glabre, roide et un peu grêle pour sa hauteur, marquée sur la plus grande partie de sa longueur

de très-nombreuses linéoles purpurines qui la font paraître colorée
en rougeâtre obscur. Les feuilles sont petites proportionnellement
(0ᵐ 05-0ᵐ 06 sur 0ᵐ 01-0ᵐ 015), disposées par 6-12 en faux-verticilles rapprochés, avec quelques-unes alternes vers le haut et vers
le bas, oblongues-lancéolées, aiguës au sommet, en coin à la base,
fortement ondulées sur les bords ou même tordues en vis sur
elles-mêmes, minces et sèches, sans nervures saillantes, d'un vert
gai et lustré, abondamment tiquetées aux deux faces de très-petits
points vert clair. Les fleurs sont plus ou moins nombreuses, selon
la force des pieds, disposées en grappes, délicieusement odorantes,
leur odeur rappelant celle de la Tubéreuse avec plus de suavité, d'un
blanc pur avec des points et linéoles de couleur purpurine groupés
à diverses places (1); peu à peu, à mesure que la floraison s'avance,
cette teinte purpurine s'étend, de manière à les rendre entièrement lilas-pourpre quand elles commencent à se faner; chacune
termine un pédoncule à peu près aussi long qu'elle, presque
dressé, rectiligne jusque vers le sommet où il s'épaissit notablement et s'arque un peu de manière à la rendre oblique-ascen-
dante; la forme générale du périanthe est tubulée en entonnoir,
avec le tube allongé, graduellement élargi à partir de sa base jusqu'au limbe qui est très-étalé et révoluté; ce dernier est un peu
oblique sur l'axe de la fleur, les folioles supérieures s'enroulant
en dehors plus que les inférieures : sépales et pétales rétrécis inférieurement en un onglet canaliculé, les premiers à limbe oblong-
elliptique, acuminé, égal au plus en longueur au très-long onglet
qui est fermé en canal (0ᵐ 075 sur 0ᵐ 01 au milieu du limbe),
les seconds un peu spatulés, obtus, légèrement apiculés, graduellement rétrécis en un onglet sensiblement plus court et en gouttière ouverte (0ᵐ 075 sur 0ᵐ 013 au milieu du limbe); la côte fait
fortement saillie à la face externe des pétales, mais non à celle
des sépales; l'extérieur de ceux-ci est légèrement lavé de pourpre
et leur face interne offre, le long de chaque bord, une bande de

---

(1) Je ferai observer que même les écailles jeunes de la bulbe, qui sont
blanches, planes ou un peu concaves en dedans, convexes en dehors,
épaisses au milieu, fort amincies vers les bords, acuminées au sommet,
sont également pointillées de violet-pourpre à leur face externe.

points de la même couleur; l'extérieur des premiers n'a que la côte purpurine avec deux bandes marginales de points purpurins moins prononcés qu'à l'intérieur. Les étamines sont déclinées, de 1/5 plus courtes que le périanthe, à filet grêle, subulé et anthère oblongue, blanchâtre, renfermant un pollen jaune pâle ; le pistil est décliné, un peu plus long que les étamines, à ovaire vert, en prisme triangulaire, étroit, à style trois fois plus long que l'ovaire, blanc-verdâtre dans le haut où il s'épaissit en devenant trigone, à stigmate médiocrement renflé, blanc-verdâtre, trilobé. M. Kellogg décrit la capsule comme dressée , trigone avec les angles creusés d'un sillon profond, un peu turbinée, munie de petites verrues éparses à sa surface. — En résumé, le *Lilium Washingtonianum* Kell., est nettement caractérisé : par son rhizome-bulbe d'une forme et d'un développement tout particuliers qui ont été décrits plus haut (voyez p. 82-83) ; par ses feuilles verticillées, petites, fortement ondulées; par ses belles fleurs odorantes, blanches, ponctuées par places de violet-pourpre, devenant finalement lilas-pourpre, tubulées en entonnoir à limbe révoluté, dans lesquelles les sépales et les pétales sont très-longuement onguiculés et les étamines avec le pistil sont déclinés.

M. Kellogg fait mention (*loc. cit.*) d'une variété de cette espèce à feuilles plus étroites que dans le type ; cette variété est nommée par lui *Lilium Washingtonianum* Kell. *angustifolium.*

Le Lis de Humboldt, *Lilium Humboldtii* Roezl et Leichtl. (nov. sp.) est l'une des plus belles découvertes du voyageur-collecteur Roezl et l'une des plus précieuses introductions de M. Leichtlin. « Le collecteur de ce nouveau Lis, m'écrivait M. Leichtlin, le » 14 mai 1870, est M. B. Roezl qui l'a trouvé à Devil's Gate, » ravin par lequel passe le chemin de fer du Pacifique (à côté » d'une rivière qui forme plusieurs chutes), pour arriver à » Wintah Station, d'où l'on fait le trajet à Mormon-City. » C'est dans la seconde quinzaine du mois de juin et au commencement du mois de juillet 1870 qu'elle a fleuri pour la première fois, dans le jardin de M. Leichtlin, d'où j'en ai reçu alors et successivement deux tiges fraîches qui portaient l'une une seule, l'autre deux fleurs. Déjà je devais à la généreuse obligeance de mon honorable correspondant une bulbe vivante dont j'ai indiqué plus haut la

remarquable organisation (voyez p. 81), et qui malheureusement a péri, pendant le siége de Paris, avec le reste de ma
collection. « M. Roezl, m'écrivait l'an dernier M. Leichtlin, dit
» ne pouvoir assez vanter la beauté de cette plante dont la tige
» peut atteindre jusqu'à 1<sup>m</sup> 50 de hauteur, et porter alors un
» nombre considérable de grandes fleurs colorées en très-beau
» jaune d'or orangé et abondamment maculées de rouge-pourpre
» foncé. M. Roezl a compté jusqu'à 37 fleurs sur une seule tige. »

La description suivante du Lis de Humboldt est nécessairement
basée sur l'observation des deux échantillons jeunes et un peu
maigres que je dois à l'obligeance de M. Leitchlin ; mais il est clair
qu'on n'aura qu'à supposer notablement grandies les dimensions
de ses organes végétatifs et à concevoir plus considérable le nombre
de ses fleurs pour s'en représenter un pied dans toute la orce de
son développement.

Du singulier oignon que j'ai décrit plus haut s'élève une tige
cylindrique, grêle et remarquablement roide, très-finement striée,
chargée de petits poils fort courts, qui la rendent un peu rude au
toucher ; elle est d'un vert un peu brunâtre, par suite de l'existence à sa surface de ponctuations rouge-brun, qui sont beaucoup
plus nombreuses à sa partie inférieure qu'à la supérieure. D'a-
près un renseignement fourni par M. Leitchlin, cette tige est dénudée dans le bas, ce qui montre que la plante doit croître au
milieu de l'herbe. Les feuilles sont rapprochées, sur la portion
moyenne de la tige, en plusieurs faux-verticilles (qu'on voit très-
facilement n'être que des spirales contractées puisque les feuilles y
font, quand elles sont nombreuses, au moins deux tours de spire),
qui en réunissent jusqu'à une douzaine ; au-dessus et même au-
dessous des feuilles verticillées on en voit d'alternes ; elles sont
étalées, oblongues-lancéolées (0<sup>m</sup> 05 sur 0<sup>m</sup> 12, en moyenne), très-
pointues au sommet, rétrécies vers la base qui néanmoins est
assez large (0<sup>m</sup> 003), largement ondulées aux bords qui portent des
cils très-courts et serrés, ployées plus ou moins en gouttière en
dessus, parcourues en dessous par la côte peu saillante, minces et
sèches, d'un vert gai et lustré, quelquefois aussi plus ou moins
rougeâtres, plus pâles à leur face inférieure où on voit, à la loupe,
une très-grande quantité de petits points vert clair. Dans le haut

de la tige, les feuilles deviennent beaucoup plus petites, qu'elles soient alternes ou verticillées, et les supérieures sont toujours verticillées à la base de l'inflorescence, même quand elle est réduite à une seule fleur.

J'ignore quelle est l'inflorescence, n'ayant vu qu'un pied uniflore et un biflore; mais l'un des deux pédoncules de celui-ci étant plus long et plus fort que l'autre, muni aussi vers son milieu d'une petite feuille bractéale qui manque à l'autre, je crois pouvoir en conclure que, quand les fleurs sont nombreuses, elles forment une grappe. Les pédoncules sont longs, rectilignes jusque près du sommet où ils se recourbent brusquement au point de rendre la fleur qui les termine pendante ou même plus ou moins renversée vers la tige. Les fleurs sont grandes et très-belles, inodores, colorées dehors et dedans en beau jaune d'or orangé uniforme, verdâtres dans le bas, marquées à leur face interne et jusque près du sommet des folioles, de macules éparses, arrondies ou ovales, dont les plus grandes se trouvent vers le milieu de la longueur. Périanthe largement campanulé sur le quart environ de sa longueur, puis très-étalé et rejeté fortement en dehors, sans toutefois s'enrouler à proprement parler sur lui-même (la partie terminale des folioles reste à peu près rectiligne); sépales et pétales à très-peu près semblables entre eux, oblongs-lancéolés, graduellement et longuement rétrécis à partir de leur tiers inférieur, aigus au sommet qui est duveté, les premiers sans sillon médian sur leur face interne, sans côte médiane proéminente à leur face externe ($0^m$ 08 sur $0^m$ 017), les derniers avec un sillon médian faible et lisse aux bords, sur leur face interne, avec une côte médiane en carène fortement proéminente à leur face externe ($0^m$ 075 sur $0^m$ 017). Les étamines, d'un tiers plus courtes que le périanthe, égales entre elles, ont les filets non déclinés, très-divergents, étalés et plus ou moins réfléchis dans le haut, subulés, jaunâtres, avec les anthères oblongues, presque linéaires, jaunâtres, à pollen orangé. Le pistil dépasse quelque peu les étamines et a l'ovaire prismatique trigone, vert clair, le style deux fois plus long, grêle, plus ou moins arqué, pâle dans le bas, verdâtre dans le haut où il est trigone, maculé de rouge-brun, terminé par un stigmate peu renflé et faiblement trilobé.

De cette description détaillée je conclus que les caractères essentiellement distinctifs du Lis de Humboldt, *Lilium Humboldtii*
Roezl et Leichtl., in litt., consistent dans sa bulbe à grandes
écailles larges et minces, blanchâtres, attachées au côté supérieur
du bas de la tige, sur une certaine longueur de celle-ci ; dans sa tige
grêle et roide, très-brièvement hérissée ; dans ses feuilles pour la
plupart verticillées, minces et sèches, oblongues-lancéolées, aiguës,
ondulées et ciliolées, glabres ; dans ses fleurs plus ou moins nombreuses, inodores, d'un bel orangé et abondamment maculées,
pendantes, dont le périanthe est campanulé à sa base, puis réfléchi
mais peu ou pas révoluté, à folioles lancéolées, aiguës (1).

Le catalogue de la collection de M. Leichtlin porte encore deux
noms de Lis californiens que je ne connais pas, qui n'ont été, à ma
connaissance, décrits nulle part, et au sujet desquels quelques
mots ne seront peut-être pas inutiles.

Il est question quelquefois d'un *Lilium californicum* (Hort.) ; on
trouve même ce nom sur certains catalogues récents d'horticulteurs
anglais, et, sur sa liste, M. Leichtlin accompagne ce nom, d'un
côté d'un point de certitude qui montre qu'il est certain que sa
plante est bien celle que des horticulteurs appellent ainsi, d'un
autre côté des lettres *n. r*, pour indiquer que ce Lis est à la fois
nouveau pour les jardins et remarquable pour sa beauté. Or, voici
ce que M. Leichtlin m'écrivait le 24 mai 1870 : « Le *Lilium*
» *californicum* Hort. est une espèce très-brillante qui a été importée

---

(1) Pour caractériser cette belle espèce inédite, j'en tracerai la diagnose suivante :

*Lilium Humboldtii* Roezl et Leichtl. in litt. : L. bulbo horizontaliter
elongato, lateri superiori axeos insidente, squamis distichis amplis, latis,
parce crassis, obtuse acuminatis conflato ; caule stricto, virgato, tereti,
dense breviterque hirtulo ; foliis plerisque verticillatis, tenuibus, oblongo-
lanceolatis, acutis, undatis, ciliolatis, enerviis, glabris, subtus tenuissime
punctatis ; floribus speciosis, amplis, inodoris, aurantiacis, abunde
brunneo maculatis, cernuis ; perianthii late breviterque campanulati, mox
reflexi, foliolis oblongo-lanceolatis, sensim longeque attenuatis, acutis ;
staminum filamentis gracilibus, superne patulis reflexisque ; polline au-
rantiaco. Hab. in Californiæ montibus Sierra nevada dictis, ubi a cl.
Roezl detectum est et ab eo cum cl. et amicissimo Max Leichtlin
communicatum (v. v. c.).

» par moi de New-York, en 1864 (de chez M. W. Prince, à
» Flushing). J'en ai vu la fleur, pour la première fois, l'année
» passée (1869), et, cette année, il se montre multiflore. Je ne
» sais pas si une plante offerte sous le même nom, en 1846, par
» Glendinning, de Londres, est identique avec celle-là; mais le
» Lis qui a été introduit par Hartweg, en 1843, sous la seule
» dénomination de *Lilium* species de la Californie est certainement
» identique avec un autre qu'avait rapporté M. Boursier de la
» Rivière, en 1856, et cette dernière plante n'existe plus en Europe.
» Tous les deux n'ont été décrits nulle part. Quand la plante sera
» en pleine fleur, je la soumettrai à un examen attentif pour voir
» si elle constitue un synonyme du *L. pardalinum* KELL. » Un peu
plus tard, mon honorable correspondant m'envoyait, au sujet du
même Lis la note suivante : « *Lilium californicum* HORT. atteignant
« un mètre de hauteur. Fleurs en ombelle, s'épanouissant l'une
» après l'autre, portées sur des pédoncules gracieusement courbés;
» périanthe roulé en dehors, mesurant jusqu'à 0ᵐ 07, d'une colo-
» ration très-brillante, moitié jaune à mouchetures brunes, moitié
» écarlate intense. » N'ayant observé moi-même le *L. californicum*
HORT. ni frais, ni desséché, je me garderai d'émettre une opinion
quelconque sur la légitimité de la distinction qui en a été
proposée.

C'est seulement en en faisant suivre le nom d'un point de
doute que M. Leichtlin admet sur le catalogue de sa collection un
*Lilium columbianum*, originaire des pays qui bordent le fleuve
Oregon ou Columbia d'où lui est venu son nom. Je ne suis pas
plus fixé sur cette plante que sur la précédente. Je n'en trouve pas
même le nom dans l'estimable travail que M. de Cannart d'Hamale
a publié en 1870 sur le genre Lis, et je ne l'ai vu non plus indiqué
nulle part ailleurs. Je me bornerai donc à reproduire ici la courte
note qu'a bien voulu m'envoyer à ce sujet M. Leichtlin, le 18 juin
1870 : « *Lilium columbianum* HORT. LEICHTL. : plante haute de
« 0ᵐ 40; fleur solitaire, à folioles roulées en dehors, colorées en
» jaune de chrome et mouchetées de noir. Ce Lis forme une
» exception parmi les Lis américains, car il possède une véritable
» bulbe et non un rhizome. Très-joli et intéressant. »

Si l'on ajoute aux six plantes dont il vient d'être question le

*Lilium canadense* L. var. *puberulum* Wood ou *L. puberulum* Torr., dont il a été parlé plus haut (voyez p. 92), on aura la liste complète des Lis qui, à ma connaissance, ont été signalés jusqu'à ce jour comme ayant été trouvés dans les contrées qui s'étendent entre les montagnes Rocheuses et l'Océan pacifique. Ce n'est pas à dire pour cela que ces vastes contrées ne nourrissent d'autres plantes du magnifique genre qui vient de faire le sujet de ces *Observations*. Il est à peu près certain, au contraire, que leur Flore liriographique est encore plus riche qu'on ne pourrait le croire d'après l'exposé précédent : en effet, d'un côté, M. Kellogg, en présentant à l'Académie californienne des Sciences naturelles la description de son magnifique *Lilium Washingtonianum*, écrivait : « Nous avons encore un autre spécimen d'un Lis à fleur blanche » qui n'a pas pris jusqu'à ce jour assez de force pour fleurir ; » d'un autre côté, M. Leichtlin est loin d'avoir dit son dernier mot pour ses introductions de Lis californiens, car, à la suite de sa liste de Lis connus et nommés, il n'inscrit pas moins de dix numéros (nᵒˢ 3, 4, 15, 16, 17, 18, 20, 200, 201, 203) par lesquels il désigne provisoirement, dans son jardin, les plantes de ce genre qui lui sont venues de Californie, et dont il ne peut rien dire aujourd'hui, sans doute parce qu'il ne les a pas vues encore fleuries. Il est dès lors probable qu'on verra apparaître des nouveautés en fait de Lis californiens dans un avenir peu éloigné.

### Distribution géographique des Lis.

L'ordre géographique que j'ai adopté pour exposer ci-dessus les découvertes successives qui ont amené le genre Lis à son état actuel, rend inutile, sous peine de double emploi, un tableau détaillé de la répartition des espèces de ce beau genre à la surface du globe. Je me bornerai donc à faire ressortir ici les faits généraux vraiment remarquables qu'offre cette répartition.

1º Sur les cinq parties du monde, trois seulement possèdent des Lis : ce sont, comme on l'a vu, l'Europe, l'Asie et l'Amérique ; même cette dernière n'en a offert jusqu'à présent, à ma connaissance, que dans sa moitié supérieure qui constitue l'Amérique du nord. L'Afrique et l'Océanie en sont complétement dépourvues.

2º Parmi les trois parties du monde dans lesquelles croissent naturellement des Lis, l'Asie est incontestablement celle qui en possède le plus gaand nombre. Eu égard à son peu d'étendue relative, l'Europe vient au second rang ; l'Amérique du nord, malgré sa vaste surface, n'en a pas encore fourni plus d'espèces que l'Europe, et doit dès lors être placée au troisième rang. Quant à l'Asie elle-même, elle offre, pour sa richesse sous ce rapport, une grande inégalité entre ses diverses parties ; son vaste plateau central en est assez peu pourvu, tandis qu'on les trouve réunies en bien plus grand nombre dans les contrées qui bordent ou limitent cette immense partie du monde, à l'est, au sud et à l'ouest. Ainsi on a vu que le Japon est la terre privilégiée pour ces belles plantes et qu'à lui seul cet empire en possède à peu près autant que tout le reste du globe ; l'Inde dans ses parties montueuses, particulièrement dans la grande chaîne de l'Himalaya, en nourrit un assez grand nombre d'espèces pour mériter d'être classée au second rang ; enfin à une place un peu inférieure se rangent les parties occidentales de l'Asie, surtout celles qui avoisinent la chaîne du Caucase.

3° Le fait capital qui domine la distribution géographique du genre *Lilium*, c'est son absence complète de l'hémisphère austral ; même, dans l'hémisphère boréal, il n'arrive pas jusqu'au tropique du cancer, ou si quelqu'une de ses espèces y parvient, dans l'Inde, ce n'est qu'à la faveur des montagnes sur lesquelles l'altitude lui fait trouver la température moins haute de pays plus septentrionaux. Il résulte de cette dernière circonstance que les Lis ne sont jamais des plantes de serre chaude, et que les plus délicats d'entre eux se contentent d'une serre tempérée, au besoin même d'un abri quelconque, pourvu qu'il les mette à l'abri de la gelée pendant l'hiver.

### Culture des Lis.

Les observations historiques et descriptives qui précèdent et qui ont pour objet le genre des Lis, *Lilium* TOURN., sembleraient appeler comme complément naturel un chapitre relatif à la culture de ces magnifiques plantes bulbeuses. Je n'ai pourtant pas l'intention d'entrer dans des détails circonstanciés à ce sujet, et cela pour des raisons qui me semblent décisives : des instructions détaillées sur la culture du plus grand nombre d'entre les espèces de ce genre se trouvent, soit dans les écrits spéciaux sur ce groupe considéré tout entier, tels surtout que le mémoire de Spae que j'ai cité fréquemment, soit dans les recueils horticoles dans lesquels on s'est attaché avec une certaine prédilection aux espèces de ce genre, comme l'*Illustration horticole* et plus encore la *Flore des serres*, soit enfin dans les ouvrages généraux d'horticulture qui sont entre les mains de tout le monde et, parmi ceux-ci, je dois citer principalement *Les fleurs de pleine terre* par MM. Vilmorin-Andrieux (3e édit.; 1870), où l'on trouve des descriptions et un exposé détaillé de la culture pour 27 espèces de Lis. Je n'ai donc pas à reproduire ici ce qu'on peut puiser à ces diverses sources, auxquelles je me contente de renvoyer. D'un autre côté, bien que j'aie cultivé une assez jolie collection de Lis pendant quelques années, je suis loin de me regarder comme expert dans cette culture; mes conseils n'auraient donc pas assez d'autorité pour que je me permette de les donner. Pour ces motifs, je me bornerai à quelques données générales qui me semblent se dégager soit des instructions publiées par les personnes compétentes, soit de mes propres observations. En outre, je consignerai ici quelques renseignements que je dois à M. Leichtlin et qui sont le résultat de sa pratique consommée ainsi que de sa longue expérience en cette matière. Mais il est bien entendu que je n'ai point la prétention d'écrire un traité de la culture des Lis, et je m'estimerai assez heureux si le petit nombre d'indications que je consigne ici ne sont pas jugées tout à fait inutiles.

La première question qui se présente est celle de savoir s'il vaut mieux cultiver les Lis en pleine terre ou les tenir en pots. Il va de soi que je ne parle que des espèces assez peu délicates pour se passer sans difficulté de toute protection pendant l'hiver. Il est certain que pour les Lis européens, tels que le Lis blanc, le Lis orangé, le Lis Martagon, etc., c'est seulement en pleine terre qu'ils prennent toute leur force, que leur floraison devient aussi abondante que possible, surtout si on a le soin de ne les arracher pour en subdiviser les touffes que tous les trois ou quatre ans. On se trouve bien aussi de planter diverses espèces sibériennes et caucasiennes, des États-Unis, même du Japon, dans une plate-bande de terre sableuse, et mieux encore de terre de bruyère. C'est là

seulement que le *Lilium superbum* L., par exemple, acquiert toute
sa beauté. Néanmoins, même dans le cas où elle est le plus re-
ocmmandée, la culture en pleine terre compense plus ou moins ses
avantages par des inconvénients sérieux : Ainsi les bulbes de ces
Liliacées redoutent l'excès d'humidité; de plus elles sont fort
sujettes aux atteintes des petites limaces et, par ces deux causes,
on est exposé à en perdre un certain nombre chaque année. Lorsqu'on tient en pleine terre des Lis tant soit peu précieux, il est
bon d'en couvrir la place avec un pot à fleurs renversé dont on
bouche le trou, par lequel, sans cela, pourrait entrer l'eau de la
pluie; il est même utile, dans plusieurs cas, d'entourer ces pots
de feuilles qui complètent l'abri à deux points de vue. Mais, en
somme et malgré ces précautions, j'ai reconnu par mon expérience personnelle qu'il est plus sûr de tenir en pots les Lis de
collection que de les livrer à la pleine terre; la surveillance en
est beaucoup plus facile; on peut donner à chaque espèce le trai-
tement qui lui convient, et au total, on en perd moins, tandis
que, d'un autre côté, avec des soins convenables, on peut les avoir
tout aussi beaux que s'ils étaient en pleine terre. L'habile chef
de l'Ecole botanique du Jardin des plantes de Paris, M. B. Verlot,
a reconnu comme moi les désavantages qu'on trouve à cultiver
en pleine terre une collection de Lis, dont on ne possède pas beau
coup d'individus pour chaque espèce.

La question d'abri contre le froid pendant l'hiver n'a une
importance réelle que pour un petit nombre d'espèces de Lis. Il est
presque inutile de dire, tant cela est évident de soi, que les espèces européennes, caucasiennes et sibériennes ne redoutent nullement les froids de nos hivers; il en est de même de celles qui
croissent aux Etats-Unis, à l'est des montagnes Rocheuses et de plusieurs de celles du Japon, telles notamment que les *Lilium tigrinum*, *Thunbergianum*, *testaceum*, même *speciosum* et presque certainement *auratum*. Jusqu'à nouvelle expérience, on doit abriter
avec une légère couverture, quand ils sont en pleine terre, ou
mettre dans un coffre froid, quand ils sont en pots, les beaux Lis
à grande fleur blanche du Japon, ainsi que les *L. Coridion* et
*Partheneion*. Quant aux espèces de l'Inde, et à la plupart de celles de
la Californie, elles doivent être enfermées dans un coffre froid pen-

dant l'hiver ; cet abri leur suffit, à cause de l'altitude à laquelle on les trouve croissant naturellement, bien que la latitude des contrées qu'habitent les premières soit peu élevée. Au reste, il est bon de tenir en coffre froid, l'hiver, toutes les espèces qu'on a plantées dans des pots. Ce mode d'abri n'a pour elles que des avantages sans le moindre inconvénient.

La nature de la terre et la forme des pots ont une importance réelle, surtout la première. Pour les pots, ceux qui m'ont semblé offrir le plus d'avantages sont profonds relativement à leur diamètre ; en effet, les racines des Lis, comme celles des Monocotylédones en général, s'enfoncent plus qu'elles ne s'étalent, et dès lors il est bon d'augmenter l'épaisseur de la masse de terre à traverser par elles dans la direction qu'elles suivent de préférence. Les espèces européennes les plus rustiques viennent dans presque toute sorte de sols, bien qu'elles préfèrent ceux qui sont un peu légers. Ce même sol plus ou moins léger convient aussi à la plupart des espèces exotiques peu délicates, mais toutes en général s'accommodent très-bien de la terre de bruyère soit pure, soit mélangée d'un tiers environ de terreau de feuilles. Si l'on veut avoir des plantes d'un très-beau développement, on se trouvera bien de l'emploi d'un compost formé de parties égales de terre de bruyère et de gazon ; le tout additionné d'environ 1/3 de terreau de feuilles et de 1/3 de la masse totale en fumier d'étable parfaitement consommé. On favorise même parfois le développement des plantes qu'on veut avoir aussi belles que possible en leur donnant quelques arrosements d'engrais liquide, à partir du moment où les racines ont tapissé l'intérieur du pot, jusqu'à celui où les boutons vont s'épanouir. C'est par exemple à l'aide de ce compost et de ces arrosements à l'engrais liquide qu'un horticulteur allemand a vu un pied de *Lilium auratum* produire deux tiges qui portaient l'une 14, l'autre 15 magnifiques fleurs.

La question de l'humidité de la terre pendant l'hiver est capitale pour les Lis. La très-grande majorité de ces plantes ayant une période de repos très-marquée pendant toute la mauvaise saison, il est certain que des arrosements, pendant cette période, ne peuvent que leur nuire et déterminer la pourriture de leurs oignons. Aussi recommande-t-on avec raison de leur donner très-peu ou même pas du tout d'eau pendant tout ce temps. Toutefois il faut éviter que la terre dans laquelle se trouvent ces oignons ne se dessèche tout à fait, car s'ils venaient à sécher complétement eux-mêmes, ils n'échapperaient pas à cette rude épreuve. Si la terre dans laquelle ils sont plantés était déjà fraîche au commencement de l'hiver, on pourra la maintenir en bon état en posant les pots sur de la terre humide, de telle sorte que les racines ne restent pas complétement inactives. On commence à ne plus craindre de donner de l'eau aussitôt qu'on voit la pousse de l'année percer la terre; c'est signe certain que la végétation est déjà en activité, et dès cet instant il est essentiel que la plante puisse trouver à sa portée la nourriture nécessaire à son développement. Il y a quelques espèces qui entrent en végétation et poussent déjà des feuilles avant l'hiver; tels sont surtout le Lis blanc pour les espèces rustiques, le *L. Thomsonianum* pour celles qui ont besoin d'un abri. Il est évident que la végétation de celles-ci doit être maintenue et que, par conséquent, la suppression de tout arrosement leur serait fort nuisible. Même le *L. giganteum*, quoique ne poussant pas avant l'hiver, doit, d'après l'observation de M. A. Rivière, être tenu constamment humide ou au moins frais, avant qu'il ait montré ses premières feuilles; une fois qu'il est en plein développement, on ne doit pas craindre de l'arroser abondamment. — Pour toutes ces plantes, la floraison arrivée et surtout terminée, les arrosements doivent devenir de plus en plus rares pour amener le desséchement de la tige. Sous ce rapport, on ne saurait trop se prémunir contre les pluies souvent abondantes de la fin de l'été; aussi M. Leichtlin se trouve-t-il fort bien de l'emploi d'auvents ou sortes de toits légers qu'il pose sur les groupes et les plates-bandes de ses plantes afin de les garantir de ces pluies.

Plusieurs espèces de Lis fructifient facilement; quelques-unes, surtout le Lis blanc, ne donnent que fort rarement, peut-être même jamais d'elles-mêmes des capsules; on connaît le singulier moyen qui a été indiqué en 1554, par Conrad Gesner, plus tard par Tournefort, en 1829 par Dupetit-Thouars, enfin récemment (1859), par M. Fermond comme permettant d'obtenir la fructification de cette dernière espèce : il consiste à couper au pied la tige fleurie et à la suspendre renversée, dans un lieu un peu frais ; on voit alors assez fréquemment les ovaires nouer et devenir un fruit. M. Bossin affirme que la stérilité habituelle du Lis blanc disparaît sur les très-fortes et vieilles touffes de cette plante qui sont restées longtemps à la même place sans être dérangées en rien. Pour moi, j'ai vu la fécondation artificielle, surtout avec croisement d'une fleur à l'autre, me donner fréquemment des capsules, et cela même pour le Lis blanc le plus rebelle de tous à la fructification, à plus forte raison pour à peu près toutes les autres espèces.

Je terminerai cet article sur les généralités de la culture des Lis en y consignant une observation du plus haut intérêt qui m'a été communiquée par M. Leichtlin, et grâce à laquelle ce cultivateur consommé de ces Monocotylédones est parvenu à des résultats très-avantageux. « La plupart des Lis, me faisait-il l'honneur de m'écrire, le 18 juin 1870, ne peuvent pas souffrir que le sol dans lequel ils sont plantés soit réchauffé par les rayons directs du soleil ; aussi ai-je imaginé un moyen pour les tenir, pendant l'été, à une demi-ombre. Ce moyen consiste dans l'emploi de sortes de treillis en lattes de bois hautes de 2$^m$ 30, que d'autres lattes rattachent entre elles transversalement. Je place ces hauts treillis le long du côté méridional de mes plates-bandes qui, ayant un mètre de largeur, s'en trouvent à demi ombragées, dans toute leur étendue. Ainsi placés, mes Lis ont un air de santé, une forme trapue qui attestent qu'ils s'accommodent à merveille de leur situation. » C'est qu'en effet les Lis croissent généralement dans des endroits couverts d'herbe où le soleil ne peut atteindre la terre même, comme je l'ai vu maintes fois dans les Pyrénées pour les *Lilium Martagon* et *pyrenaicum*, notamment au milieu de la riche végétation de la vallée d'Esquierry, comme Jacquemont l'a noté dans l'Himalaya pour son *L. punctatum*, comme M. Roezl l'a vu en Californie pour son beau *L. Humboldtii*, etc. Dès lors les treillis de M. Leichtlin reproduisent, au moins pour le sol, les conditions naturelles.

*Division du genre* Lilium *en sous-genres.* — N'ayant pas eu le moins du monde la prétention de présenter ces *Observations* sur les Lis comme un essai de monographie du genre *Lilium*, je n'ai pas à m'occuper de la division naturelle qu'on pourrait établir dans ce grand et beau groupe générique. Je me bornerai donc à rappeler ici ce qui a été fait à cet égard par les auteurs.

Dans son *Genera plantarum*, Endlicher admet, pour les Lis, 5 sous-genres, que, de son côté, M. de Cannart d'Hamale a cru devoir adopter dans son ouvrage récent dont j'ai eu plusieurs fois occasion de parler avec éloges. Ce sont les suivants :

*a. Amblirion* RAFIN. (*Notholirion* WALL; CANN. D'HAM.; *Lilia fritillaroidea* ROEM. et SCH., ex parte), dont les caractères consistent dans un périanthe formé de folioles non rétrécies en onglet, c'est-à-dire sessiles, conniventes, dépourvues de sillon nectarifère médian, surtout en un style divisé à son extrémité en trois branches stigmatifères. Ce sous-genre, qui forme comme un intermédiaire entre les Lis et les Fritillaires, ne comprend encore que 3 espèces : *Lilium camtschatcense* L., *L. Thomsonianum* LINDL., *L. triceps* KLOTZSCH.

*b. Martagon* ENDL., dans lequel le périanthe a ses folioles sessiles, pourvues chacune d'un sillon nectarifère médian, comme dans les trois sous-genres suivants, sessiles et révolutées ou roulées fortement en dehors ; le style est indivis à son sommet et porte simplement trois lobes stigmatiques, comme dans les trois sections suivantes. Il est évident que la limite entre ce sous-genre et les autres n'est pas aussi tranchée qu'on pourrait le désirer, car beaucoup de fleurs non révolutées de Lis se roulent plus ou moins en dehors vers la fin de la floraison. C'est la section la plus nombreuse du genre ; j'en citerai comme principaux exemples les *Lilium Martagon* L., *pyrenaicum* GOUAN, *tigrinum* GAWL., *testaceum* LINDL., *monadelphum* BIEB., *polyphyllum* ROYLE, *superbum* L., etc.

*c. Eulirion* ENDL., différant du précédent uniquement parce que les fleurs ont les folioles de leur périanthe rapprochées en cloche et non roulées en dehors. Ce sont les Lis proprement dits, tels que les *L. candidum* L., *Thunbergianum* ROEM. et SCH., *spectabile* LINK, *Wallichianum* ROEM. et SCH., *nepalense* DON, *croceum* CHAIX, *longiflorum* THUNB., *pulchellum* FISCH., etc.

*d. Pseudolirion* ENDL., dans lequel la forme générale de la fleur est la même que dans le sous-genre précédent, mais où les folioles du périanthe sont rétrécies inférieurement en un long onglet. Tels sont : les *L. Catesbœi* WALT. et *philadelphicum* L.

*e. Cardiocrinum* ENDL. Ce sous-genre se distingue nettement des 4 précédents par le port des deux seules espèces qu'il comprend, *L. giganteum* WALL. et *cordifolium* THUNB.; ces plantes ont en effet une forte tige avec de grandes feuilles en cœur et pétiolées ; de plus leurs fleurs sont longuement tubuleuses, faiblement ouvertes ; les folioles de leur périanthe ont leur sillon médian nectarifère creusé à sa base, au point d'y former une excavation prononcée.

II. Subdivision du genre *Lilium* et observations sur les espèces de ce genre par M. KARL KOCH, de Berlin.

M. le professeur Karl Koch, qui avait publié, en diverses circonstances, dans le recueil hebdomadaire *Wochenschrift*, dont il est rédacteur en chef, d'excellentes observations sur la plupart des espèces de Lis, a exposé sa manière actuelle d'envisager ce groupe générique et les espèces dont il est composé dans un mémoire qui a trouvé place dans cinq cahiers successifs de ce même recueil (voyez *Wochenschrift..... für Gærtnerei und Pflanzenkunde* ; 30 juillet 1870, p. 235-238 ; 6 août, p. 246-248 ; 13 août, p. 253-256; 20 août, p. 262-264 ; 27 août, p. 266-270). Dans ce travail instructif, il rattache tous les Lis dont il parle à une classification que je crois utile d'exposer ici en lui donnant la forme d'un tableau et en y rattachant l'indication de toutes les espèces sur lesquelles portent ses observations.

M. K. Koch isole, d'abord, à l'exemple d'Endlicher, sous le nom de *Cardiocrinon*, le petit sous-genre constitué par le *Lilium cordifolium* THUNB., et le *L. giganteum* WALL., dont les caractères distinctifs consistent en de grandes fleurs longuement tubuleuses, et de grandes feuilles pétiolées, en forme de cœur. Tous les autres Lis, sans exception, ont des feuilles plus ou moins étroites et sessiles, tant celles qui naissent de la tige que celles qui s'élèvent de l'oignon et que, pour ce motif, on nomme improprement radicales. Ces dernières espèces sont les Lis proprement dits, parmi lesquels est établie une première division selon que le périanthe de leurs fleurs est ou n'est pas révoluté, c'est-à-dire roulé en dehors, de telle sorte que la partie supérieure de ses divisions ou folioles se porte en dehors au point de faire au moins un tour entier sur elle-même. Les Lis à périanthe révoluté constituent le groupe des Martagons ou à fleur en turban; quant aux autres, M. K. Koch les partage en deux groupes: dans l'un, qui appartient exclusivement au sud et sud-est de l'Asie, les fleurs sont très-grandes, généralement blanches, plus ou moins penchées ou horizontales, et de forme longuement tubuleuse; dans l'autre, qui comprend des plantes de pays divers, la fleur est dressée, le plus souvent companulée, rarement blanche ou rose, presque toujours orangé-rouge ou rouge-feu; cette couleur dominante fait appeler par lui ces Lis *Feuerlilien* ou Lis à couleur de feu. Ces derniers avaient fourni à Endlicher presque tous les éléments de ses deux sous-genres *Pseudolirion* et *Eulirion*.

On voit que cette subdivision du genre *Lilium* diffère de la précédente principalement en ce que son auteur supprime le sous-genre *Amblirion* ou *Notholirion*, et que, après avoir admis le petit sous-genre *Cardiocrinon* pour les deux espèces qui ont les feuilles pétiolées, en forme de cœur, il n'établit, parmi toutes les autres, que trois groupes dont deux ne sont même pas désignés sous un nom particulier.

Le nombre des espèces dont il s'occupe dans ce travail est de 44; en outre, dans une note supplémentaire, il mentionne un certain nombre d'espèces dont il a eu connaissance pendant l'impression de ses articles, et qu'il se contente de nommer pour la plupart sans se prononcer sur leur valeur comme espèces. Ce sont particulièrement les Lis californiens *Washingtonianum*, *parvum* et *pardalinum* Kell., *Humboldtii* Roezl et Leichtl., le *L. puberulum* Torr.; puis le *L. tubiflorum* Wight, de l'Inde, le *L. Jama-Juri* Vn., du Japon; enfin un certain nombre de plantes qu'il ne connaît que de nom, et qui presque toutes lui ont été signalées par le catalogue de la collection de M. Leichtlin qui a servi de point de départ à mes *Observations*.

Au total, voici le tableau synoptique de cette classification proposée par M. K. Koch:

**Lilium** proprement dits : feuilles étroites, radicales ou sessiles sur la tige.

**Périanthe non révoluté.**

I. *Cardiocrinon* : grandes fleurs longuement tubulées ; grandes feuilles pétiolées, en cœur.

> Lilium cordifolium Thunb.
> — giganteum Wall.

II. Fleur très-grande, penchée ou horizontale, longuement tubuleuse. — Sud et sud-est de l'Asie.

*Fleur blanche ou rose, plus ou moins pendante.*

> — japonicum Thunb.
> — longiflorum Thunb.
> — Brownii Br.
> — nepalense Don.
> — Wallichianum R. et S.
> — neilgherricum Ch. Lem.
> — candidum L.
> — triceps Klotzsch.
> — nanum Klotzsch.
> — longifolium Griff.
> — roseum Wall. (Thomsonianum Lindl.).

III. Fleurs campanulées, pendantes ou dressées ; folioles du périanthe quelquefois plus ou moins réfléchies dans leur partie supérieure, mais jamais révolutées.

*Fleur presque toujours orangé vif ou rouge feu, dressée (exc. L. canadense et avenaceum).*

> — bulbiferum L.
> — croceum Chaix.
> — dauricum Gawl.
> — maculatum Thunb.
> — concolor Salisb.
> — lancifolium Thunb.
> — philadelphicum L.
> — Catesbæi Walt.
> — canadense L.
> — sinicum Lindl.
> — Buschianum Lodd.
> — pulchellum Fisch.
> — avenaceum Fisch.
> — Partheneion Sieb. et Vr.
> — Coridion Sieb. et Vr.
> — Maximowiczii Regel.
> — speciosum Thunb.

IV. Périanthe révoluté : *Martagon* ou Lis turban.

Feuilles alternes.

*Fleur le plus souvent jaune, rarement nankin ou orangé rouge.*

> — tigrinum Gawl.
> — Leichtlinii D. Hook.
> — testaceum Lindl.
> — monadelphum Bieb.
> — ponticum K. Koch.
> — albanicum Gris.
> — pyrenaicum Gouan.
> — pomponium L.
> — carniolicum Bern.

*Fleur d'un rouge feu.*

> — chalcedonicum L.
> — tenuifolium Fisch.
> — callosum Zucc.

Feuilles verticillées.

> — Martagon L.
> — superbum L.

Dans le cours des *Observations* qui précèdent, j'ai eu plusieurs fois occasion de mentionner l'opinion de M. K. Koch sur diverses espèces de Lis ; mais son récent travail portant sur l'ensemble de ce genre, et présentant d'ailleurs, relativement à certaines espèces, des renseignements plus complets ou même parfois une

manière de voir un peu différente de celle qu'il avait exposée
auparavant, je crois qu'il importe de jeter un coup d'œil sur ses
nouvelles études pour en extraire ce qu'elles renferment de nouveau ou de plus essentiel. Pour cela, je suivrai l'ordre qu'il suit
lui-même, tel que le montre le tableau synoptique précédent. Je
passerai sous silence les espèces qu'il envisage ainsi que je l'ai fait
de mon côté dans les *Observations* qui précèdent, ou pour lesquelles
il n'ajoute pas de nouveaux faits à ceux que j'ai moi-même ex-
posés.

D'après M. K. Koch, les *Lilium japonicum* Thunb., et *longiflorum* Thunb., sont deux plantes assez voisines pour être souvent
confondues l'une avec l'autre; en outre, elles ont certainement
donné naissance à des hybrides (1). Le premier des deux est uniflore,
tandis que le second est pluriflore. Le *L. japonicum* avait été importé dès 1804 par Kirckpatrick; le *L. longiflorum* n'a été introduit en Europe qu'en 1819; l'un et l'autre ayant été perdus
ensuite, une nouvelle introduction en a été faite par Siebold. On
possède aujourd'hui une variété, peut-être même deux du *L. longiflorum* à feuilles panachées. J'ai dit (2e sér., IV, p. 354) que Siebold
regardait comme une simple variété de ce dernier Lis, sous le nom
de *L. longiflorum Liu-Kiu*, la plante qui est devenue plus tard pour
tous les jardiniers et amateurs le *L. eximium* Court.; cette manière de voir est partagée par M. K. Koch qui n'a pu reconnaître,
dit-il, d'autre différence entre ces deux plantes que de plus fortes

---

(1) M. J.-G. Baker, dans son *Synopsis*, encore en voie de publication,
qui comprend tous les Lis connus, admet ces deux espèces comme distinctes et séparées; seulement, posant le principe d'élargir le plus possible la circonscription de chaque espèce, il réunit, sous la dénomination
commune de *L. longiflorum* L., trois types distincts qualifiés par lui de
sous-espèces; ce sont : 1° le *L. longiflorum* proprement dit, auquel il
rattache comme variété le *L. eximium* Court.; 2° le *L. neilgherrense*
Wight, renfermant comme synonymes les *L. tubiflorum* et *Wallichianum*
Wight, ainsi que le *L. neilgherricum* Ch. Lem.; 3° le *L. Wallichianum*
Roem. et Sch. Relativement à ce dernier, il se demande si l'on ne pourrait pas le considérer comme une espèce distincte et séparée. — Le *L.
longiflorum* var. *eximium* ou *Takesima* Hort. comprend lui-même comme
synonyme le *L. Jama Juri*.

dimensions pour la fleur du prétendu *L. eximium*. J'ai moi-même exprimé des doutes sérieux (2ᵉ série, IV, p. 357, en note) sur la légitimité de cette dernière espèce, tout en m'attachant à indiquer en détail les différences assez légères qu'on observe entre elle et le *L. longiflorum* type. — Il me semble donc, au total, qu'on doit effacer le *L. eximium* COURT. de la liste des espèces, et le rattacher au *L. longiflorum* THUNB., comme une variété qui pourrait recevoir le nom de *L. longiflorum* var. *eximium*, la dénomination proposée par Siebold n'étant pas conforme aux usages établis pour la nomenclature botanique.

M. K. Koch regarde le *L. Brownii* comme pouvant bien être originaire de l'Himalaya et comme étant vraisemblablement la plante que Don nommait *L. longiflorum* (non THUNB.). Le même nom de *L. longiflorum* était encore donné sans motif par Loddiges (*Botan. Cabin.*, pl. 985) à un autre Lis à grande fleur blanche, maculée de brun-rouge extérieurement, dont M. J.-E. Planchon a fait son *L. odorum*, et que M. K. Koch présume être simplement le *L. japonicum purpureo-vittatum* du dernier catalogue de Siebold ou le *L. Takesima* (1).

Le Lis blanc, *L. candidum* L., quoique cultivé de tout temps, paraît-il, n'a donné cependant qu'un petit nombre de variétés, savoir : une à fleurs variées de lignes rouges ; une à fleur double, enfin une à feuilles panachées. M. K. Koch regarde comme perdues aujourd'hui les deux premières de ces variétés, ainsi que la forme du même Lis dont Miller avait fait son *Lilium peregrinum* qui était fréquemment cultivée, il y a trois siècles, sous le nom de *Sultan Zambac*, et qui était venue de Constantinople, ce qui lui avait valu cette dénomination de Lis étranger (*L. peregrinum* MILL.). Les figures anciennes montrent, dit M. K. Koch, que cette plante différait du Lis blanc ordinaire par ses feuilles plus étroites ainsi que par ses fleurs plus nombreuses et plus petites. — On rencontre encore aujourd'hui assez fréquemment dans les jardins une monstruosité de Lis blanc à tige aplatie en ruban, c'est-à-dire fasciée.

---

(1) M. J.-G. Baker (*Gard. Chron.*, 3 juin 1871, p. 709) classe le *L. Brownii* comme variété du *L. japonicum* THUNB.

Les *Lilium triceps* KLOTZSCH (1) et *nanum* KLOTZSCH, découverts dans l'Himalaya, pendant le voyage du prince Waldemar de Prusse, n'existent dans l'herbier rapporté de ce voyage qu'en échantillons sans bulbe, et dès lors, dit M. K. Koch, leur place dans le genre ne peut être déterminée rigoureusement. Ils n'ont pas été introduits en Europe.

M. K. Koch admet comme spécifiquement distincts l'un de l'autre les deux Lis à fleur rose, à longues feuilles étroites et flasques, propres à l'Himalaya, qui ont été signalés, l'un sous le nom de *Lilium longifolium*, dans les manuscrits du botaniste anglais W. Griffith publiés après sa mort, l'autre sous celui de *L. Thomsonianum*, par Lindley. Ainsi que je l'ai déjà dit plus haut (voy. 2e sér., IV, p. 553, 555), je n'hésite pas à regarder le premier comme un simple synonyme du second. — Quant au *L. Thomsonianum* LINDL., M. K. Koch et plus récemment encore M. J.-G. Baker préfèrent adopter pour lui le nom de *L. roseum*, sous lequel il avait été désigné d'abord par Wallich, dans son Catalogue autographié (nº 5077); mais il a toujours été posé en principe qu'un simple nom, sans addition d'un seul caractère qui permette de reconnaître l'espèce à laquelle il a été donné, n'établit pas un droit de priorité. Je crois donc que ce serait déroger à ce sage principe consacré depuis longtemps par l'usage que de reprendre pour ce Lis le nom de *L. roseum* WALL., puisqu'il n'avait été accompagné par Wallich d'aucune indication caractéristique.

Le *L. bulbiferum* L., qui parfois justifie mal son nom, en ne produisant pas de bulbilles à l'aisselle de ses feuilles, est spontané seulement en Carinthie et dans les Alpes d'Autriche.

---

(1) M. J.-G. Baker (*Gard. Chron.*, 3 juin 1871, p. 709), dit que le *L. triceps* KLOTZSCH est très probablement (very likely) une variété du *L. nepalense* DON. Il me semble difficile d'admettre ce rapprochement si l'on considère comparativement l'ensemble de ces deux plantes et particulièrement le caractère important du style trifide qui a fait donner par Klotzsch à la première des deux son nom spécifique. Si, chez les *L. Thomsonianum* LINDL. (*L. roseum* WALL.) et *Hookeri* BAKER, ce caractère du style trifide dans le haut suffit pour distinguer le sous-genre *Notholirion*, pourquoi ne peut-il servir, chez le *L. triceps* KLOTZSCH, à autoriser même la distinction de cette plante comme espèce?

Quoiqu'il ait été introduit dans les jardins pendant la seconde moitié du 16ᵉ siècle, par Marie Brimeur, amateur passionnée de plantes et amie du célèbre botaniste Clusius ou l'Ecluse, il n'a pas produit, depuis cette époque, plus de variétés que n'en connaissaient les anciens botanistes qui en indiquaient une à larges feuilles, une dont l'inflorescence s'allonge en grappe (*L. bulbiferum racemosum*), et une où elle se raccourcit presque en ombelle (*L. umbellatum* PARK.). Cette espèce est caractérisée par les bulbilles qu'elle forme à l'aisselle de ses feuilles, et en outre par ses fleurs velues extérieurement, colorées intérieurement en rouge-feu ponctué de brun noir. M. K. Koch n'admet pas qu'on y fasse rentrer, comme le font certains botanistes, les *L. croceum* CHAIX et *davuricum* GAWL. (1); j'ai indiqué plus haut les caractères par lesquels se distingue du Lis bulbifère le *L. croceum* CHAIX; quant au *L. davuricum* GAWL., on le reconnaît d'un côté à ses fleurs que j'ai déjà décrites plus haut, d'un autre côté à sa tige qui est non-seulement anguleuse, comme chez les deux espèces précédentes, mais encore un peu ailée. Ce nom de *L. davuricum* lui ayant été donné par Gawler, dans le *Botanical Magazine*, dès 1809, tandis que celui de *L. spectabile* LINK ne date que de 1821, doit être adopté de préférence à ce dernier, sur lequel il a une antériorité marquée. Ce même *L. davuricum* GAWL. a pour synonyme, d'après M. K. Koch, le *L. pubescens* BERNH., ainsi nommé d'abord au jardin botanique d'Erfurt et ensuite par Hornemann, dans le catalogue du jardin botanique de Copenhague (Hort. hafn., t. 962).

---

(1) M. J.-G. Baker (*Gard. Chron.*, 12 août 1871, p. 1034) réunit sous le seul nom spécifique de *L. bulbiferum* L., 4 types regardés comme distincts par la généralité des auteurs, et qu'il y range comme autant de sous-espèces; ce sont : 1° le *L. bulbiferum* proprement dit, la plante propre à l'Autriche; 2° le *L. croceum* CHAIX, qui devient pour lui le *L. bulbiferum croceum*, et qui croît en France, en Suisse, dans le nord de l'Italie; c'est de celui-ci, pense-t-il, que serait issu le *L. pubescens* BERNH.; 3° le *L. davuricum* GAWL., qui devient ainsi le *L. bulbiferum davuricum*, et qui aurait pour simple synonyme le *L. Buschianum* LODD.; 4° le *L. Thunbergianum* ROEM. et SCH., qui devient pour lui le *L. bulbiferum Thunbergianum*, avec les nombreux synonymes et formes que j'ai moi-même indiqués (2ᵉ sér., IV, p. 350-353).

Parmi les Lis japonais à fleur rouge qui ont été distingués et nommés par Thunberg, M. K. Koch dit ne pas douter que le *L. maculatum* (1) ne soit identique avec le *L. medeoloides* ASA GRAY, et qu'il ne faille également y rapporter le *L. Thunbergianum* tel qu'il a été figuré dans la 25ᵉ année du *Botanical Register* (pl. 38, différent du vrai *L. Thunbergianum* ROEM. et SCH.), et tel aussi qu'on le trouve en nombreuses variétés dans les jardins. Le savant berlinois y rattache encore comme synonymes le *L. sanguineum* LINDL., le *L. fulgens* CH. MORR., les variétés horticoles que Ch. Lemaire a fait connaître sous les noms de *L. formosum*, *L. hœmotochroum*, *L. staminosum*, ainsi que le *L. Wilsoni;* enfin il affirme que le *L. venustum* HORT. BEROL. ne diffère pas non plus du *L. maculatum* THUNB. — M. Asa Gray et Miquel réunissent le *L. Thunbergianum* des jardins (non ROEM. et SCH.) au *L. bulbiferum* L.; mais, dit M. K. Koch, il diffère certainement de ce dernier comme ne produisant pas de bulbilles, que nous avons vu manquer aussi chez les *L. croceum* et *davuricum*, comme étant moins laineux et comme ayant la fleur plus largement ouverte avec les pièces du périanthe plus fortement réfléchies; il est toutefois plus difficile d'établir une démarcation entre cette même espèce et le *L. davuricum*. « Peut-être, dit M. K. Koch, toutes les formes très-développées du *L. maculatum*, chez lesquelles les feuilles supérieures se réunissent en verticille au haut de la tige, appartiennent-elles à ce dernier, tandis que celles toujours plus basses qui n'ont que des feuilles alternes et qui perdent quelquefois toute leur villosité laineuse, constitueraient le vrai *L. maculatum.* » Au reste, il s'est produit certainement, par une longue culture, des hybrides entre les *L. maculatum* et *croceum*, entre les *L. maculatum* et *bulbiferum;* il paraît, en outre, exister au Japon des variétés du *L. maculatum* qui offrent toutes les nuances depuis le rouge jusqu'au simple jaune.

Le Lis à fleur rouge que Thunberg avait nommé d'abord et à tort *L. philadelphicum* L., ensuite et sans plus de motifs

_______________

(1) M. J.-G. Baker (*Gard. Chron.*, 9 sept. 1871, p. 1164) ne donne à cette espèce aucun des synonymes que lui assigne M. K. Koch, mais seulement le *L. avenaceum* FISCH., Msc ; MAXIM.

*L. bulbiferum* L., qu'il a distingué enfin comme une espèce à part
sous le nom de *L. elegans*, a reçu de Roemer et Schultes, qui n'a-
vaient pas connaissance du mémoire dans lequel avait été proposée
cette dernière dénomination, le nom de *L. Thunbergianum*. Le vrai
*L. Thunbergianum* de ces deux auteurs n'a donc rien de commun,
selon M. K. Koch, avec la plante qui reçoit habituellement ce
nom dans les jardins, et dont il vient d'être question (1). Au contraire, c'est absolument la même plante que Salisbury (*Paradisus
londinensis*, tab. 47), après l'importation qui en avait été faite de
Chine en Angleterre, dans les premières années de ce siècle, avait
appelée *L. concolor*, parce que la fleur n'en est point maculée. Ce
dernier nom étant antérieur à celui de *L. elegans* Thunb., doit être
préféré à celui-ci. Le *L. concolor* Salisb. ne porte que 2-5 fleurs petites, d'un rouge clair, et de forme obscurément campanulée.

Quant au *L. lancifolium* Thunb., c'est une espèce fort obscure,
incomplétement décrite et très-mal figurée par Thunberg. Miquel
dit qu'il a la fleur blanche; mais on ignore d'où il a pu tirer ce
renseignement.

Le *L. Catesbæi* Walt., qui, dans le sud des États-Unis, rem-
place le *L. philadelphicum* L. plus septentrional, a été découvert dans la première moitié du 18ᵉ siècle, par Catesby; il a été
introduit en Angleterre en 1787. Salisbury l'a décrit et figuré
sous le nom de *L. spectabile*.

Le *L. canadense* L. (2), est le Lis américain qui a été introduit

---

(1) Je dois faire observer qu'en distinguant le *L. Thunbergianum*
Roem. et Schult. de celui qui reçoit habituellement ce nom dans les
jardins, le savant botaniste de Berlin ne motive peut-être pas suffisamment cette opinion; et que, d'un autre côté, M. J.-G. Baker (*Garden.
Chron.* du 12 août 1871, p. 1034) identifie complétement la plante caractérisée par Roemer et Schultes avec celle des jardins, en en faisant sa
quatrième sous-espèce du *L. bulbiferum* L.

(2) Le *Lilium canadense* est l'une des espèces du genre Lis pour lesquelles M. J.-G. Baker a le plus largement donné carrière à sa tendance
vers la fusion des espèces (voyez *Gard. Chron.*, 9 sept. 1871, p. 1164-
1165). Tandis que depuis Linné, tous les botanistes ont regardé ce Lis
et le *L. superbum* L. comme deux espèces distinctes et séparées; que
même, comme on le voit sur le tableau synoptique de la classification
des Lis par M. K. Koch, ce savant botaniste range ces deux espèces fort

le plus anciennement dans les jardins de l'Europe, puisqu'il est déjà figuré dans l'*Histoire des plantes nouvellement trouvées* de Linocier, ouvrage imprimé à Paris, en 1620. Il est beaucoup moins répandu aujourd'hui qu'il ne l'a été jadis. Sa variété qui avait été nommée *L. penduliflorum* par Cels, figurée sous ce même nom dans les Liliacées de Redouté, et sous celui de *L. pendulum* CH. MORR., dans les *Annales de la Société d'Agriculture et de Botanique de Gand*, V, pl. 288, est une forte plante haute de 1ᵐ,

---

loin l'une de l'autre, la première dans son 3ᵉ groupe et la seconde à la fin du grand groupe des Martagons, M. J.-G. Baker fait du *L. superbum* L. une simple sous-espèce du *L. canadense* L. Il est vrai que le mot de sous-espèce qu'il emploie paraît signifier pour lui espèces dont les caractères distinctifs sont moins facilement saisissables que ceux de certaines autres. Mais pour ce savant tout ne se borne point là, car le Lis que j'ai décrit le premier sous le nom de *Lilium Humboldtii* ROEZL et LEICHTL., n'est à ses yeux qu'une pure et simple variété du Lis du Canada. Or, j'avoue que si deux plantes si faciles à distinguer l'une de l'autre par la généralité de leurs caractères, qui ont en outre des modes de végétation si différents, des bulbes organisées et se développant d'après des plans si dissemblables, si, dis-je, ces plantes peuvent être considérées comme des variétés l'une de l'autre, la notion de l'espèce en botanique disparaît pour moi, et que je ne serai nullement surpris si quelque botaniste encore un peu plus porté à la fusion des espèces que M. J.-G. Baker propose jamais de ne voir qu'une seule et unique espèce dans toutes nos Roses, dans nos *Hieracium*, dans la presque totalité des Chênes, etc. Quoi qu'il en soit à cet égard, voici comment le savant botaniste anglais envisage l'espèce à laquelle il conserve le nom de *L. canadense* L. Cette espèce offre son type fondamental dans le Canada et dans le nord des États-Unis. A ce type cet auteur rattache 4 variétés : var. 1, *parviflorum* HOOK. (*Fl. Bor. Amer.*, II, p. 284 ; var. *minus* WOOD, *Proc. Acad. Phil*, 1868, p. 166; *L. Sayii* NUTT., msc.) qui s'étend de l'île Vancouver et de la Colombie anglaise jusqu'à l'Orégon et à la Californie; var. 2, *Humboldtii* (*L. Humboldtii* ROEZL et LEICHTL., in DCTRE, *Compt. rend.*, LXXII, 1871, p. 558), de Californie ; var. 3, *Walkeri* WOOD, *Proc. Acad. Phil.*, 1868, p. 166), trouvé depuis longtemps en Californie par Bridges, et distribué avec ses collections sous le nº 268; var. 4, *Hartwegii* BAKER, trouvé en 1848 par Hartweg sur les montagnes de Santa-Cruz, en Californie. Quant à la sous-espèce *superbum* (*L. superbum* L.) elle offre la var. *carolinianum* A. GRAY (*L. carolinianum* MICHX), que M. J.-G. Baker dit être intermédiaire entre la sous-espèce *superbum* et le *L. canadense* type.

1ᵐ 33, qui peut porter jusqu'à une quinzaine de fleurs d'un beau rouge en dehors, jaune d'or en dedans, où elles sont ponctuées de rouge foncé.

Le Lis de Chine, *L. sinicum* LINDL., se rapproche du *L. canadense* L. par son port et son aspect, surtout par la forme de ses fleurs. Il est également voisin du *L. concolor* SALISB. (1); mais il s'en distingue, selon notre auteur, par des fleurs moins ouvertes, dont les folioles sont dressées jusque vers le milieu de leur longueur pour se réfléchir au delà par une courbure élégante; la couleur de ces fleurs, tout en rappelant le coloris de celles du *L. concolor*, se rapproche encore plus de celle du *L. croceum*.

M. K. Koch n'a pas eu occasion d'observer le *L. Buschianum* LODD. à l'état frais; mais il présume que cette plante est voisine du *L. sinicum* LINDL., et qu'en même temps elle forme comme une transition au *L. pulchellum* FISCH. Ce Lis diffère du *L. sinicum*, par les nombreux points rouge sombre qui se montrent en dedans de son périanthe dont les folioles finissent par être fortement réfléchies (2).

Le *L. pulchellum* FISCH. se trouve spontané en Sibérie, dans le bassin de l'Amur et dans les parties septentrionales de la Chine. Il a été introduit en 1834, par Raddi, et il est cultivé en Russie depuis cette époque; il a été décrit pour la première fois dans un supplément au Catalogue des graines du Jardin botanique de Saint-Pétersbourg pour 1839-1840. Sa ressemblance avec le *L. Buschianum* LODD. pourrait engager, selon M. K. Koch, à le confondre en une seule espèce avec celui-ci; mais, dans ce cas, l'espèce devrait porter le nom de *L. Buschianum*, qui a l'antériorité sur celui de *L. pulchellum* FISCH. (3).

Le *L. avenaceum* FISCH., qui ressemble au *L. Martagon* L. par

---

(1) M. J.-G. Baker (*Gard. Chron.*, 12 août 1871, p. 1034), donne le *L. sinicum* LINDL. comme un simple synonyme du *L. concolor* SALISB., et fait même rentrer sous ce dernier nom, à titre de variétés, les *L. Partheneion* SIEB. et VR. et *Coridion* SIEB. et VR.

(2) M. J.-G. Baker (*Gard. Chron.*, 12 août 1871, p. 1034) fait du *L. Buschianum* LODD. un simple synonyme du *L. davuricum* GAWL. qui lui-même est classé par ce botaniste comme sa troisième sous-espèce du *L. bulbiferum* L.

(3) M. J.-G. Baker (*Gard. Chron.*, 12 août 1871, p. 1034) insiste, au

ses feuilles verticillées assez larges, a la fleur très-analogue à celle du *L. pulchellum-Buschianum*, pour la forme, la couleur et la ponctuation, avec ses folioles non révolutées mais finissant par se réfléchir seulement dans leur portion supérieure.

Quant aux *L. Partheneion* Sieb. et Vr. et *Coridion* Sieb. et Vr., ils ont été importés du Japon en 1856; M. K. Koch n'a pas eu occasion de les voir vivants, et dès lors il n'ajoute rien à ce qu'en a dit de Vriese en établissant ces deux espèces (1).

Le *L. speciosum* Thunb. tient beaucoup des Martagons par son périanthe roulé en dehors; mais il s'en distingue par ses fleurs bien ouvertes et beaucoup plus grandes. Il est à présumer que la couleur originaire de ses fleurs est le blanc pur, et que de ce type primitif sont nées les variétés ponctuées et plus ou moins lavées de carmin. M. K. Koch voit un indice à l'appui de cette idée dans ce fait que les Japonais donnent au type à fleur toute blanche le nom de *Tametome* qui est celui de l'un de leurs héros légendaires. C'est ce même type à fleur blanche que Ch. Morren élevait au rang d'espèce à part sous le nom de *L. Broussartii*. — M. K. Koch, à l'exemple de Siebold, regarde le *L. auratum* Lindl. comme une simple variété du *L. speciosum*, sous le nom de *L. speciosum imperiale* (2). Il ne peut dire, ne connaissant pas la plante, si le *L. Wittei* Suring. est une bonne espèce ou seulement une variété du *L. speciosum* (3).

La série des Lis à périanthe roulé en dehors ou révoluté, c'est-

---

contraire, sur ce que ce Lis ne doit pas être confondu avec le *L. Buschianum* Lodd. qui n'est pour lui qu'une variété du *L. bulbiferum* L.

(1) On vient de voir (p. 276) que M. J.-G. Baker (*Gard. Chron.*, 12 août 1871, p. 1034), regarde ces deux plantes comme deux variétés du *L. concolor* Salisb.

(2) Malgré sa tendance si prononcée à élargir les limites des espèces, M. J.-G. Baker conserve le *L. auratum* Lindl., comme espèce à part (*Gard. Chron.*, 15 juillet 1871, p. 903), mais en faisant observer qu'il est difficile d'y voir plus qu'une sous-espèce du *L. speciosum*. Il reproduit la note suivante écrite par Oldham sur l'étiquette d'un échantillon qui a été cueilli par lui, en août 1861, près d'Yokohama, et qui se trouve dans l'herbier de Kew : « C'est l'*Udi* des Japonais, plante splendide, croissant principalement dans les bonnes terres légères, parmi les buissons et entre les rochers. »

(3) M. J.-G. Baker (*Gard. Chron.*, 15 juill. 1871, p. 903) n'a pas

à-dire des Martagons, commence par ceux qui ont les feuilles étroites, alternes, ou éparses, comme on le dit fréquemment; c'est la majorité. L'un des plus beaux est certainement le *L. tigrinum* GAWL., dans lequel M. K. Koch fait rentrer le *L. pseudotigrinum* CARR., qui ne serait guère, d'après lui, qu'un *L. tigrinum* à périanthe moins révoluté que d'ordinaire, à fleurs étalées horizontalement, sans bulbilles axillaires et à feuilles uninervées. Ce savant présume que c'est la même plante qui existe dans les jardins sous le nom de *L. Fortunei* (1).

Le L. *Leichtlinii* D. HOOK. ressemble tellement d'aspect au *L. tigrinum*, dit le savant allemand, qu'il est difficile de l'en distinguer sans fleurs. Cependant sa tige parfaitement glabre et ne produisant pas de bulbilles me semble établir entre ces deux plantes une différence tranchée et appréciable en tout temps.

L'origine du *L. testaceum* LINDL. reste aussi obscure pour M. K. Koch que pour tous les autres auteurs.

Ce botaniste persiste dans l'opinion qu'il avait déjà exprimée antérieurement et que j'ai rapportée plus haut, selon laquelle les *L. monadelphum* BIEB., *Szovitzianum* FISCH. et *Loddigesianum* ROEM. et SCH. ne seraient pas autre chose que des formes différentes ou même des états différents de la même espèce. Ayant eu trop peu d'occasions de voir les plantes désignées dans les jardins sous ces trois noms différents, je n'ai pas d'avis à exprimer sous ce rapport; toutefois je puis dire que j'ai eu sous les yeux, cette année, un échantillon frais et fleuri d'un Lis qui offrait tous les caractères assignés par Fischer au *L. Szovitzianum*, et dans lequel notamment les filets des étamines n'étaient nullement soudés entre eux à leur base; si donc il existe un Lis caucasien à fleur jaune, dont les étamines soient nettement monadelphes, et il semble n'exister aucun motif pour en douter, il faudrait prouver que la soudure ou la complète liberté des filets à leur base est un caractère assez variable, dans ces Lis, pour ne mériter aucune

---

vu le *L. Wittei*; mais, d'après la description qu'en a donnée M. Suringar, il n'hésite pas à y voir une variété du *L. auratum* LINDL.

(1) M. J.-G. Baker ne mentionne le *L. pseudotigrinum* CARR. ni comme synonyme du *L. tigrinum* GAWL., ni comme espèce voisine de celui-ci, du moins dans les articles qu'il a publiés jusqu'à ce jour.

confiance, ou, dans le cas contraire, il semblerait légitime de séparer d'une manière quelconque la plante à étamines monadelphes de celle à étamines entièrement libres et distinctes.

Le *L. ponticum* K. Koch existe aujourd'hui dans un assez grand nombre de jardins de l'Europe sous le nom faux de *L. Szovitzianum* ; cela tient à ce que M. Scharrer, directeur du jardin botanique de Tiflis, en a envoyé en Allemagne, dans ces dernières années, une grande quantité d'oignons sous le nom de *L. Szovitzianum*. Tandis que, dans son pays natal, ce Lis ne porte habituellement que deux ou trois fleurs, les pieds qu'on en cultive en ont souvent 5-7 et même 8. La plante devient en même temps plus forte et, au total, beaucoup plus belle.

Güldenstædt a trouvé dans le Caucase et C.-A. Meyer dans la Transcaucasie sud-ouest, un Lis spontané que l'un et l'autre ont déterminé comme le *L. pyrenaicum* Gouan. « Nous doutons, dit M. K. Koch, que cette espèce, qu'on ne rencontre déjà plus dans les Alpes, reparaisse tout à coup si avant dans l'Orient, et, pour ce motif, nous pensons que ce prétendu *L. pyrenaicum* n'est pas autre chose qu'une forme basse du *L. ponticum*.

Le vrai *L. pyrenaicum* Gouan est habituellement moins haut que le *L. ponticum*, auquel il ressemble surtout par sa fleur. Il a les feuilles plus étroites et beaucoup plus rapprochées sur la tige, munies, en outre, d'une étroite bordure blanche. Ce Lis n'a jamais été tant soit peu répandu dans les jardins.

Les espèces de Martagons à feuilles alternes autres que les précédentes ont des fleurs colorées en rouge-feu vif.

Le Lis de Pompone, *L. pompozium* L., qui croît naturellement dans le midi de la France et en Italie, était beaucoup plus répandu dans les jardins, particulièrement en Hollande, où il avait été introduit d'Italie, en 1594, par Jean Sommer, fils du gouverneur de Middelbourg, il y a deux ou trois siècles qu'aujourd'hui. On en possédait même alors une douzaine de variétés, dont une à fleurs blanches et une à fleurs doubles. Il est caractérisé surtout par ses feuilles très-serrées, qui vont en diminuant graduellement vers le haut de la tige, et par ses fleurs colorées en beau rouge-ponceau, dont le périanthe offre, vers le bas de ses folioles, des lignes proéminentes, de couleur brun-pourpre.

Le Lis de Carniole, *L. carniolicum* Bern., des Alpes d'Autriche et de Dalmatie, n'existe guère que dans des jardins botaniques. Il a les feuilles beaucoup moins serrées que celles du *L. pomponium*, plus larges de manière à être elliptiques, et assez étalées, chargées d'une courte villosité sur leurs 5-7 nervures ainsi qu'à leur bord ; il n'a généralement qu'une fleur.

A côté de ces deux Lis européens se place le *L. chalcedonicum* L., dont la patrie est incertaine. Son nom indiquerait qu'il a été d'abord trouvé près de Chalcédoine, ancienne ville de Bithynie, dans l'Asie mineure ; mais les voyageurs modernes qui ont exploré ces contrées ne l'ont jamais rencontré. Il était cultivé à Constantinople à l'époque où cette ville tomba au pouvoir des Turcs, et c'est de là que le baron de Ungnad, à qui nous devons également l'introduction du Marronnier d'Inde, l'envoya à Vienne ; aussi reçoit-il encore fréquemment dans les jardins le nom de Lis de Constantinople, *Lilium byzantinum*. C'est aussi de Constantinople que le reçut le botaniste Dalechamp à qui en est due l'introduction en France. — Au commencement du siècle dernier, on en cultivait 24 variétés, dont une à fleurs doubles portait le nom de Couronne royale. — Souvent confondu avec le *L. pomponium*, le *L. chalcedonicum* L. s'en distingue parce qu'il est de plus fortes proportions et porte plus de fleurs ; ses feuilles sont très-serrées, étroites, et elles vont se rapetissant considérablement sur le haut de la tige contre laquelle elles s'appliquent ; ses fleurs ressemblent beaucoup à celles du Lis de Pompone ; mais les lignes saillantes qu'elles offrent aussi sur le bas des folioles de leur périanthe sont plus proéminentes et de la même couleur que le fond général (non brunes).

C'est du jardin botanique de Gorenki, près de Moscou et plus tard de celui de Saint-Pétersbourg, qu'a été répandu en Europe le joli **L.** *tenuifolium* Fisch. qui, à l'état spontané, ne porte qu'une ou deux fleurs, tandis qu'on en voit assez souvent 4 et 5 sur les pieds cultivés. — On ne peut en séparer le *L. linifolium* Horn., et quant au *L. pumilum* Red., M. K. Koch dit que la culture montrera si c'est une espèce réellement distincte de la précédente, ce dont il paraît douter.

Le savant botaniste dont j'examine et résume ici le travail

range deux espèces dans la catégorie des Martagons à feuilles verticillées : le *L. Martagon* L., répandu dans toute l'Europe et dans le nord de l'Asie, et le *L. superbum* L. (1), de l'Amérique du Nord. — Le *L. Martagon* L. était déjà fréquemment cultivé dans la 2ᵉ moitié du 16ᵉ siècle. A l'état sauvage on en trouve deux formes distinctes : l'une offre sur ses feuilles des poils auxquels il a dû le nom *L. hirsutum* que lui a donné Miller aux yeux de qui il constituait une espèce à part ; en outre, ses fleurs, de couleur plus foncée, ont leur bouton couvert extérieurement de poils laineux tombants ; l'autre, que Sprengel a nommée *L. glabrum*, est à peu près entièrement glabre, et la couleur de ses fleurs est plus claire. Quand le *L. superbum* L. porte peu de fleurs, il constitue le *L. carolinianum* Michx., dont Poiret a changé le nom en celui de *L. Michauxii*, et dont Roemer et Schultes ont fait leur *L. Michauxianum*. — Le *L. superbum* a été introduit en Angleterre en 1728 ; et il a fleuri, l'année suivante, dans le jardin du botaniste anglais Collinson.

A la fin de son important mémoire sur le genre *Lilium*, M. K. Koch énumère les Lis dont il a eu connaissance pendant l'impression de ses articles ; je n'ai rien à lui emprunter sous ce rapport.

III. Subdivision du genre *Lilium* par M. J.-G. Baker.

Dans le journal anglais d'Horticulture, *The Gardeners' Chronicle*, M. J.-G. Baker a commencé, le 28 janvier 1871, la publication d'un travail considérable sur l'ensemble du genre *Lilium*, auquel il a donné le titre de *Synopsis nouveau de tous les Lis connus* (*A new Synopsis of all the known Lilies*). Jusqu'à ce jour (15 septembre 1871), il a paru sept fragments de cette revue monographique (*Gard. Chron.*, 28 janv. 1871, p. 104 ; 18 févr., p. 201-202 ; 15 avril, p. 479-480 ; 3 juin, p. 708-709 ; 15 juillet, p. 903 ; 12 août, p. 1033-1035, 9 sept., p. 1164-1165), dans lesquels est exposée l'histoire botanique de 21 espèces. Dans le premier de ces fragments, ce savant botaniste présente une subdivision du genre *Lilium* qui rappelle celle d'Endlicher sous la

---

(1) M. J.-G. Baker (*Gard. Chron.*, 9 sept. 1871, p. 1165) regarde le *L. superbum* L. comme une sous-espèce du *L. canadense* L.

plupart des rapports, mais qui en diffère aussi à plusieurs égards :
1° le genre *Lilium* tout entier y est divisé seulement en deux
sous-genres dont l'un est fort restreint et reste indivis, tandis
que l'autre est subdivisé en quatre sections qualifiées de *Groupe* ;
2° le sous-genre *Cardiocrinum* d'Endlicher y est supprimé et
confondu avec le sous-genre *Eulirion* du même auteur ; 3° les
limites des autres sous-genres d'Endlicher y sont en général
changées ; 4° le sous-genre *Pseudolirion* ENDLIC., sensiblement
modifié, y reçoit le nom d'*Isolirion* ; etc. Voici l'exposé de cette
division avec l'indication des caractères sur lesquels reposent
les coupes qu'elle comprend :

Division du genre *Lilium* par M. J.-G. Baker (loc. cit., p. 104).

Sous-genre 1. *Notholirion* (Lis de l'Himalaya) : bulbes à tuniques ; stigmate profondément divisé en 3 branches subulées
et arquées. Exemp. : *L. roseum* WALL. (*L. Thomsonianum* LINDL. ;
*L. Hookeri* J.-G. BAKER (nov. sp.).

Sous-genre 2. *Lilium* proprement dits : bulbes à écailles ;
stigmate formant au bout du style une tête épaisse, à trois lobes
obtus.

1er groupe, *Eulirion* (Lis à fleur en entonnoir) : périanthe en
entonnoir, horizontal ou légèrement pendant, ayant ses divisions
à leur plus grande largeur au-dessus du milieu de leur longueur,
rétrécies graduellement vers leur base, étalées seulement dans
leur quart supérieur, lors de l'épanouissement complet ; filaments
et style tous parallèles entre eux. Ex. : *L. longiflorum, candidum*
et *cordifolium*.

2e groupe, *Archelirion* (Lis à fleur ouverte) : périanthe largement campanulé, horizontal ou un peu pendant, ayant ses divisions ovales, au maximum de leur largeur au-dessous du milieu,
non onguiculées, étalées, lors de l'épanouissement complet, à partir
de plus bas que leur milieu ; étamines divergeant vers tous les
côtés. Ex. : *L. auratum, speciosum* et *tigrinum*.

3e groupe, *Isolirion* (Lis à fleurs dressées) : périanthe largement
campanulé, tout à fait dressé, à divisions oblongues-lancéolées,
ayant leur plus grande largeur vers leur milieu, rétrécies subite-
ment dans le bas, chez la plupart des espèces, en un onglet distinct, étalées, lors de l'épanouissement complet, dans la moitié

ou le tiers supérieurs ; étamine divergeant vers tous les côtés. Ex. : *L. bulbiferum, philadelphicum, Catesbœi*, etc.

4ᵉ groupe, *Martagon* (Lis à fleurs en turban) : périanthe largement campanulé, toujours pendant, à divisions lancéolées, ayant leur plus grande largeur vers leur milieu, non distinctement onguiculées, réfléchies (ordinairement dans la moitié ou les deux tiers supérieurs) quand l'épanouissement est complet ; étamines divergeant vers tous les côtés. Ex. : *L. Martagon, pomponium, chalcedonicum*, etc.

Le travail de M. J.-G. Baker étant encore en cours de publication, je ne puis songer à l'examiner dans son ensemble, comme je l'ai fait pour celui de M. K. Koch, afin d'y puiser soit les renseignements nouveaux qui s'y trouveraient, soit la manière de voir de l'auteur sur les espèces de Lis qu'il considère autrement que je ne l'ai fait moi-même. Dans l'impossibilité de tracer ici ce relevé général, j'ai cru devoir y suppléer jusqu'à un certain point en indiquant succinctement en notes, dans les pages qui précèdent, comment le savant botaniste anglais envisage les espèces au sujet desquelles il adopte un classement ou une opinion à lui propres.

En effet, M. J.-G. Baker attribue au mot espèce en botanique une valeur au sujet de laquelle il peut n'être pas inutile de dire ici quelques mots. La tradition linnéenne suivie comme règle, à quelques modifications près, par la généralité des botanistes, a vu toujours une espèce végétale dans l'ensemble des individus entre lesquels la similitude des caractères est assez nette et assez prononcée pour pouvoir être exprimée, sans confusion facile avec d'autres, par une phrase courte appelée diagnose. Chacune des espèces ainsi considérées comprenait ou pouvait comprendre des variétés offrant, avec les caractères essentiels de l'espèce elle-même, des particularités à elles propres, mais d'une importance secondaire. Dans le cours des cinquante dernières années, une école nouvelle, qui a pris naissance en Allemagne, mais qui est arrivée en France au développement complet de ses doctrines, s'est attachée avec beaucoup plus de soin qu'on ne l'avait fait jusqu'alors à la recherche des différences qui peuvent exister entre les plantes. Après avoir constaté par là un grand nombre de particularités distinctives dont beaucoup étaient restées inaperçues, dont les autres avaient été regardées comme pouvant à peine servir de caractères à des variétés, elle a été conduite à considérer ces traits légers comme de fortes lignes de démarcation, et par suite à proclamer comme autant d'espèces distinctes une multitude de formes dont rien n'a jusqu'ici démontré la fixité, qui d'ailleurs ne diffèrent entre elles que par des nuances à peine saisissables. A la netteté et à la concision des diagnoses il a fallu dès lors forcément substituer des descriptions complètes qui n'acquièrent une signification que lorsqu'elles sont rigoureusement comparatives, et qui, même dans ce cas, exigent trop souvent l'étude simultanée d'échantillons des plantes en question, choisis avec soin par l'auteur même de l'espèce qu'on étudie. Une subdivision à peu près indéfinie des espèces primitivement admises par les botanistes a été la conséquence nécessaire de ce mode d'appréciation des différences entre les individus végétaux, et, au total, si la science y a gagné la connaissance de quelques faits nouveaux, elle y a certainement perdu sous d'autres rapports d'une importance incontestable.

Mais une action amène toujours une réaction en sens inverse ; l'école de la subdivision presque illimitée des espèces a fait naître celle de la jonction des types, qui en est le contraire. Dans celle-ci au lieu d'éloigner on rapproche, au lieu de séparer on réunit. C'est surtout en Angleterre que fleurit cette nouvelle école dont M. J.-G. Baker est l'un des représentants les plus distingués. Aux yeux de ce savant (ainsi que de quelques autres), chaque espèce est un groupe d'individus assez étendu pour comprendre non-seulement des variétés, mais encore de véritables types fixes, nettement caractérisés, pour la plupart admis jusqu'à ce jour comme de vraies espèces, qu'il classe comme subordonnés à un type spécifique supérieur, en les qualifiant de sous-espèces. Outre les caractères déduits de la comparaison des organes des plantes, les botanistes de notre époque font généralement entrer en ligne de compte ceux qui résultent de la distribution géographique, et lorsqu'ils constatent des dissemblances même assez légères entre deux plantes qu'on ne rencontre croissant naturellement que dans deux contrées éloignées l'une de l'autre, ils voient généralement dans ce fait un argument en faveur de la distinction de ces deux plantes en deux espèces différentes. Cette considération paraît être, au contraire, sans valeur pour M. J.-G. Baker, et c'est ainsi que nous le voyons réunir sous le seul nom spécifique de *Lilium bulbiferum* quatre types admis jusqu'à ce jour par la généralité des auteurs comme autant d'espèces suffisamment caractérisées et qu'il abaisse au rang de sous-espèces, bien qu'il existe entre elles non-seulement de notables différences organiques, mais encore une grande dissemblance d'origine géographique; en effet, le premier, le *L. bulbiferum* proprement dit, n'a été encore trouvé qu'en Autriche; le second, ou le *L. croceum* CHAIX, vient en France, en Suisse et dans le nord de l'Italie, le troisième, ou le *L. davuricum* GAWL., appartient à la Sibérie orientale et aux pays arrosés par l'Amour; enfin le quatrième, ou le *L. Thunbergianum* ROEM. et SCH., est propre au Japon.

Quoi qu'on en dise, la détermination des limites entre lesquelles doivent être circonscrits ces groupes d'individus qu'on qualifie d'espèces est devenue de nos jours chose fort arbitraire, ou, si l'on veut, elle se trouve à peu près abandonnée au sentiment, au tact du botaniste descripteur; aussi n'ai-je pas plus le droit que l'intention de formuler une critique quelconque au sujet de la manière de voir que professe à cet égard M. J.-G. Baker. Seulement peut-être me pardonnera-t-il si j'exprime ici quelque regret de ce qu'il n'a pas toujours adopté une sorte de commune mesure pour la valeur des espèces qu'il admet; de ce que, par exemple, il conserve comme deux espèces séparées le *L. speciosum* THUNB. et le *L. auratum* LINDL., tandis qu'il réunit en une seule espèce sous le nom de *L. bulbiferum* les types que je viens de mentionner, ou qu'il rapproche de même, sous la dénomination commune de *L. longiflorum*, le *L. longiflorum* THUNB., le *L. neilgherrense* WIGHT avec le *L. neilgherricum* CH. LEM., et enfin le *L. Wallichianum* ROEM. et SCH.; qu'il fond ensemble les *L. canadense* L., *superbum* L., même le *L. Humboldtii* ROEZL et LEICHTL., abaissé par lui au rang de simple variété du Lis du Canada, ou de ce que même il a proposé, en hésitant à peine, de classer comme une variété du *L. nepalense* DON. à style indivis, le *L. triceps* KLOTZSCH, qui a le style trifide à son extrémité, caractère qu'il a lui-même trouvé, d'autre part, suffisant pour distinguer le sous-genre *Notholirion*.

Les réflexions qui précèdent m'ont semblé nécessaires pour expliquer au lecteur les dissemblances qu'il pourra reconnaître entre la manière d'après laquelle j'ai envisagé, dans ces *Observations*, diverses espèces de *Lilium* et celle qu'a préférée M. J.-G. Baker, dans son *Synopsis*. La divergence de nos appréciations aura certainement pour effet de me faire réfléchir moi-même plus sérieusement au sujet des espèces de Lis sur lesquelles nous différons aujourd'hui d'opinion. Dans tous les cas, les botanistes et les horticulteurs qu'intéressent ces plantes remarquables à tous égards lui seront reconnaissants, comme je le suis moi-même, de ce que par son travail d'ensemble méthodiquement conçu et soigneusement exécuté, il a su leur rendre beaucoup plus abordable qu'elle ne l'était l'étude de ce beau genre pour lequel ces dernières années avaient accumulé à la fois les acquisitions et les difficultés.

Il ne me reste maintenant qu'à reproduire, d'après M. J.-G. Baker, l'histoire d'une espèce nouvelle de Lis qu'il a fait connaître d'après des échantillons récoltés par M. J.-D. Hooker pendant son voyage dans l'Himalaya ; par là se trouveront terminées ces *Observations* auxquelles j'avoue que j'étais loin de vouloir d'abord donner le développement qu'elles ont fini par acquérir, et au sujet desquelles les cruelles circonstances sous l'influence desquelles elles ont été en grande partie écrites et publiées me vaudra, j'ose l'espérer, toute l'indulgence du lecteur.

« Lis de Hooker, *Lilium Hookeri* J.-G. Baker (*Gard. Chron.*, 18 février 1871, p. 201-202, nov. sp.).

» Espèce ayant beaucoup d'affinité avec la dernière (*L. Thomsonianum* Lindl. ; *L. roseum* Wall.), mais s'en distinguant très-bien spécifiquement. Bulbe entièrement semblable pour la forme et le revêtement, mais considérablement plus petite. Tige plus flexueuse, ayant au plus un pied (anglais $= 0^m 315$) de haut, beaucoup plus grêle, n'ayant pas plus d'une ligne d'épaisseur à sa base, entièrement glabre, ainsi que le reste de la plante. Feuilles semblables de conformation et de texture, mais beaucoup moins nombreuses (pas plus de 6-9), toutes lâchement éparses et non ramassées vers la base comme dans l'autre espèce, offrant 10-12 nervures presque égales entre elles, les inférieures longues de 5-6 pouces ; 2-8 fleurs en grappe presque unilatérale, longue de 3-6 pouces; pédicelles inférieurs ascendants, longs de 6-9 pouces; les supérieurs plus courts, penchés. Bractées linéaires, longues d'un pouce à un pouce et demi. Périanthe long, dans les fleurs inférieures, de 15-16 lignes, dans les supérieures, d'environ un pouce, de la couleur, direction et texture de celui du *roseum*, autant qu'on peut en juger sur des échantillons secs; ses divisions oblancéolées, obtuses, larges de 1/4-1/8 de pouce, rétrécies graduellement vers la base. Ovaire en massue, long de 3/8-1/2 pouce; style long de 6-7 lignes; stigmates linéaires, longs d'une ligne. Capsule oblongue ou obovoïde, longue de 1/2-5/8 de pouce, à lobes obtus. Filaments très-grêles, presque droits, longs de 8-12 lignes; anthères linéaires-oblongues, longues de deux lignes. — Découvert par le docteur D. Hooker dans la région tempérée du Sikkim-Himalaya, à une altitude supràmarine de 9 000-10 000 pieds (2835-3115 mètres). Non introduit encore dans la culture. »

Les 8 articles du *Journal de la Société d'Horticulture de France* dans lesquels j'ai parcouru le genre. Lis tout entier pour en indiquer les accroissements successifs, la distribution géographique, et pour en examiner les espèces aujourd'hui connues, ne sont pas disposés d'après la marche régulière d'une monographie; en outre, leur insertion dans un recueil mensuel qui a subi une interruption de sept mois entiers par l'effet du siége de Paris a eu pour résultat de mettre un intervalle de dix-huit mois entre la publication du premier et celle du dernier; d'ailleurs, lorsque j'ai commencé de les écrire, j'étais loin de vouloir donner à ce travail le développement qu'il a pris plus tard, grâce aux données que je me suis procurées, surtout grâce aux précieux matériaux d'étude qui m'ont été communiqués par M. Max Leichtlin, pendant le printemps et une partie de l'été de 1870. Par suite de ces circonstances, je suis le premier à reconnaître que cet essai n'offre pas, entre ses diverses parties, la coordination méthodique qu'on pourrait désirer, et que dès lors il serait généralement assez difficile d'y lire sans discontinuité ce qui se rapporte à l'histoire de chaque espèce, variété, synonyme, etc., à moins d'un guide qui permette d'aller chercher partout où elles se trouvent les données relatives à cette histoire. Ce guide ne peut être qu'une table alphabétique renvoyant à tous les passages où figure un même nom de plante. Je terminerai donc mes *Observations* sur les Lis par une table qui permettra de réunir, pour chaque espèce et variété tous les documents descriptifs, synonymiques, morphologiques, etc., disséminés dans les paragraphes dont se compose cet essai. J'ose croire que cette addition à mon travail le rendra beaucoup plus facile à consulter qu'il ne le serait sans cet utile appendice.

TABLE ALPHABÉTIQUE *des noms latins et étrangers des espèces et variétés de* Lilium *mentionnées dans ces* Observations, *ainsi que de leurs synonymes.*

(*N. B.* Les chiffres qui suivent chaque nom indiquent les pages de ce tirage à part où il se trouve.)

Paris. — Imprimerie de E. Donnaud, rue Cassette, 9.